空间溢出：
陕西省城市化的资源环境基础

马蓓蓓　著

科技基础性工作专项（2014FY210100）
国家自然科学基金项目（41301170）　　　联合资助
陕西师范大学优秀著作出版基金

科 学 出 版 社

北 京

内 容 简 介

　　本书基于城市生态系统的基本特征，借鉴经济学的"溢出"概念，构建了城市"资源环境基础"的研究框架。以陕西省为研究对象，就现代城市为满足自身生存和发展的需要，分析其以直接、间接和诱发的形式对城市本身与城市外部的土地、淡水和能源等资源环境要素的占用情况，并通过城市"资源-环境"系统脆弱性评估当前城市化的资源环境压力，提出相应的缓解对策。

　　本书可供高等院校和研究机构地理学、经济学、城市规划等相关领域的科研人员和研究生使用，也可供从事城市规划、建设和管理的人员参考。

审图号：陕 S〔2018〕033 号

图书在版编目（CIP）数据

空间溢出：陕西省城市化的资源环境基础/马蓓蓓著. —北京：科学出版社，2019.6

　　ISBN 978-7-03-060062-2

　　Ⅰ.①空…　Ⅱ.①马…　Ⅲ.①城市化-关系-环境资源-研究-陕西　Ⅳ.①F299.274.1　②X372.41

　　中国版本图书馆 CIP 数据核字（2018）第 284839 号

责任编辑：亢列梅　徐世钊 / 责任校对：郭瑞芝
责任印制：张　伟 / 封面设计：陈　敬

科学出版社 出版

北京东黄城根北街 16 号
邮政编码：100717
http://www.sciencep.com

北京中石油彩色印刷有限责任公司 印刷

科学出版社发行　各地新华书店经销
*

2019 年 6 月第　一　版　　开本：720 × 1000　1/16
2019 年 6 月第一次印刷　　印张：10 1/4
字数：207 000

定价：90.00 元
（如有印装质量问题，我社负责调换）

作 者 简 介

　　马蓓蓓，2007 年在陕西师范大学获地理学硕士学位，2010 年在中国科学院地理科学与资源研究所获人文地理学博士学位。现就职于陕西师范大学地理科学与旅游学院，副教授，硕士生导师，专业为人文地理学，主要研究方向为城市产业经济、城市贫困与城市社会、资源开发与区域可持续发展。

　　近年来主持国家自然科学基金青年基金项目 1 项、陕西省自然科学基金项目 1 项、陕西省软科学研究计划项目 1 项；参与国家自然科学基金重点项目、国家社会科学基金项目，及科学技术部、环境保护部、世界银行的项目 20 余项；在《地理学报》《资源科学》等刊物上发表相关论文 18 篇，参编著作 3 部。

前　言

城市是现代人类社会最为重要的集聚场所。随着城市功能的多元化,现代城市对资源环境要素的消费需求不断增大,内涵不断扩展,保障要求日益提高。基于城市生态系统的基本特征,本书借鉴经济学的"溢出"概念,构建城市"资源环境基础"的研究框架,就城市为满足自身生存和发展的需要,研究其以直接、间接和诱发的形式对城市本身及城市以外的土地、淡水和能源等资源环境要素的占用情况。

本书以陕西省为研究对象,从以下几个方面进行研究:第一,对自西周至唐末关中地区城市兴衰的资源环境驱动力展开研究,旨在探讨在人类改造自然能力相对较弱的古代时期,城市发育与资源环境之间的关系;第二,对陕西省自中华人民共和国成立以来的城市化进程和资源环境基础展开定量分析,旨在探讨在现代工业经济背景下,城市发育对资源环境要素的消费需求特征及其与古代的异同;第三,在省域研究的基础上,分别在陕北、关中和陕南地区选取典型城市进行具体的案例分析和横向比较,旨在进一步明确不同资源环境基础和社会经济背景下,不同类型、不同发展阶段的城市对资源环境要素消费需求的差异;第四,对陕西省城市化资源环境基础的演变特征进行总结和机理分析;第五,结合陕西省和典型城市的实际资源环境供给现状,对研究区域的资源环境供需平衡状态和城市"资源-环境"系统脆弱性进行分析,以评估其所面临的资源环境压力,并提出相应的压力缓解措施和对策建议。本书的研究成果对陕西省科学合理地规划城市化进程、制订资源环境利用战略、提高资源环境利用效率、缓解资源环境压力、降低城市化的负面影响具有现实意义。

本书是科技基础性工作专项"黄土高原生态系统与环境变化考察"(2014FY210100)和国家自然科学基金项目(41301170)的研究成果,由陕西师范大学优秀著作出版基金资助出版。全书共八章,由马蓓蓓制订大纲、撰写和统稿,硕士研究生孙梦雨、李海玲、杨贺、钟堃、江军、李想等参与了数据整理、图件制作等工作。本书的出版得到了中国科学院地理科学与资源研究所张雷研究员、鲁春霞副研究员,以及科学出版社的大力支持,在此表示诚挚的谢意。

由于作者水平有限,书中不足之处在所难免,敬请读者批评指正。

目　录

第一章　绪　　论

第一节　研究背景

一、我国的快速城市化进程

城市是人类群居活动的高级形式，是社会发展到一定阶段的产物，是人类走向成熟和文明的标志。在农耕经济时代，简单的城市随着人类的定居开始出现，但其作用仅限于商品交易、军事防御和祭祀活动，并不具有生产功能，只是区域的消费中心。受限于生产力水平，当时农村所能提供的、用于城市交换和消费的余粮并不多，也不稳定，因此农耕经济时代的城市规模都相对较小。伴随生产力的进步和工商业的发展，城市开始崛起，城市文明开始传播。工业革命之后，世界城市化进程大大加快，大量农民涌向新的工业中心，城市获得了前所未有的发展。第一次世界大战前夕，英国、美国、德国与法国等国家的绝大多数人口已生活在城市里。各国的实践表明，城市的繁荣发展与城市化的不断推进不仅是富足的标志，也是文明的象征。

中华人民共和国成立初期，我国仅有 132 个城市，城市化率（以非农业人口占总人口的比重计算）为 10.64%。1979 年以前，受自然灾害、政治和经济波动等因素的影响，我国的城市化进程一直在波动起伏中徘徊发展，城市化率始终在 20% 以下。改革开放以来，经济的快速增长，尤其是市场经济的发展为我国城市化的快速推进奠定了良好的基础。20 世纪 90 年代以来，城市化与全球化两大主题成为我国经济发展和政策选择的基本出发点。1996 年，我国的城市化率已经达到 30.48%，2016 年我国的城市化率则达到 58.52%，年均增长 1.4 个百分点。

同时，根据世界银行的研究，当一个国家或地区人均国民收入达到 1000 美元左右时，城市化将会加速发展。世界银行数据显示，2017 年我国的人均国民收入为 8690 美元。从这两方面看，我国的城市化进程已经进入了快速发展的阶段。美国经济学家、诺贝尔奖获得者斯蒂格利茨（Stiglitse）认为：21 世纪初期影响世界最大的两件事，一是新技术革命，二是中国的城市化。随着全球化的推进和国家市场经济体系的进一步确立和完善，我国的城市化进程将对国家乃至整个世界的社会经济和资源环境协调发展产生越来越大的影响。

二、城市生态系统的脆弱性及其对溢出空间的依赖性

作为人类文明的集中体现地，城市是人类对自然环境干预最强烈的地方，也是人类受自然环境的反馈作用最为敏感的地方。这是因为城市生态系统是一种生产者与分解者缺位、物质能量单向线性循环的脆弱系统，城市必须时刻与外部系统进行物质、能量和信息的密切联系与交换以维持自身的生存、发展：一方面，城市必需的粮食、副食品、煤电，甚至是新鲜的空气和水都要依靠外部系统的输入；另一方面，城市产生的大量废弃物最终也必须输送到系统以外进行分解和循环。城市生态系统这种固有的特征决定了城市对外部系统的资源供给具有强烈依赖性，一旦有自然或人为的事件破坏了城市资源供应链的任何一个环节，城市的正常运行就会受到剧烈的影响。例如，2008年初，我国南方发生了大范围的雨雪冰冻灾害，恶劣的天气破坏了电网，阻断了交通，使受灾城市的正常生产、生活秩序被严重地打乱。改革开放以来，快速的城市化进程给我国带来经济快速繁荣和社会巨大进步的同时，也给我国赖以生存的资源环境基础带来了巨大的压力和挑战。

当前我国的城市化进程正处于向快速、高效、内涵型转型的关键时期，城乡分割的二元经济结构正在被逐渐打破，制度约束的瓶颈效应逐渐削弱；农产品的充足供给使粮食安全等问题不再是我国城市化进程的制约因素；我国经济的持续高速增长创造了越来越多的非农产业就业机会，为农村剩余劳动力向城市转移提供了广阔的需求平台。人均自然资源占有量远远落后于世界平均水平和脆弱的生态环境，成为我国城市化良性发展中最大的刚性约束。因此，厘清城市发展与城市对其自身和外部的土地、淡水及能源等资源环境要素的占用情况之间的相互关系、演变规律、发生机理，对于在合理、高效开发利用资源环境的前提下，促进我国城市化持续健康发展具有重要而现实的意义。

第二节　研　究　意　义

一、空间溢出提供了探讨城市化可持续发展的新视角

人类文明已经进入以城市为主导的高速发展时代。城市规模的扩大、数量的增多、经济的增长、人口的增加和居民生活水平的不断提高必然会加大城市对各种资源的消费需求，即扩大了城市赖以生存和发展的资源环境基础。这种资源环境基础主要涵盖了自然界的淡水、耕地、森林、草场、能源和矿产六大类资源，

城市对这六大类资源的占用强度和结构表征了人类在追求财富高效积累的过程中所需求的资源环境整体的演进状态。

本书基于城市生态系统的基本特征，从城市生存和发展对资源环境要素的消费需求出发，构建城市的"资源环境基础"的概念，研究城市为满足自身生存和发展的需要，以直接、间接和诱发的形式对城市本身及城市以外的土地、淡水、能源等资源环境要素的占用情况。在理论构建过程中，本书一方面把城市化进程与城市的资源环境基础作为一个有机系统，在历史总结、现状分析、机理探讨、压力评估和对策措施等研究中，始终围绕城市发展与资源环境基础之间的相互关系这一中心，避免了单纯研究城市化而忽视城市对资源环境要素的消费需求，或者单纯研究城市占用的某类资源要素，而忽视了城市化是需要各种资源环境要素共同支持和推进的研究缺陷。另一方面，依据土地和淡水资源对城市化发育的保障功能和方式，本书将城市的水、土资源占用细分为直接占用、间接占用和诱发占用三大类型。其中，直接占用是指发生在城市本身的水、土资源占用；间接占用是指发生在城市以外的、用以满足城市居民食品需求的水、土资源占用；诱发占用是指用以消解城市排放的污染物质的水、土资源占用，也发生在城市以外。这样就避免了以往常规研究中，单纯关注城市的建成区用地、工业用水和居民生活用水等直接水、土资源占用情况，而忽视了发生在城市以外的、与城市发展密切相关的间接和诱发水、土资源占用的缺陷。因此，本书提供了探索城市化可持续发展问题的新视角，具有理论探讨的意义。

二、"一带一路"倡议下城市快速发展和开放转型的客观需求

随着社会经济的发展，无论是在像我国这种经济快速增长的发展中国家，还是已经完成工业化的发达国家，城市发育的资源环境问题都不同程度地成为困扰各国发展的重要问题。我国是一个发展中的人口大国，人均资源拥有量小，资源环境压力大。由于技术条件、管理水平及国际产业转移等一系列因素，我国近几十年的经济高速增长是以资源的低效率消耗和生态环境的破坏为代价的粗放式增长，重资源开发、重经济增长、轻资源合理高效利用、轻生态环境保护的"两重两轻"现象十分普遍和严重。对资源环境的这种破坏效应积累到一定程度，必然会造成资源短缺、生态破坏、居住环境恶化等一系列问题，最终影响和限制区域的持续健康发展。20世纪90年代中期以来，湖泊富营养化污染事件的频繁暴发、沙尘暴和酸雨影响范围的扩张、河流断流范围与时间的持续增长，以及局部省份的大面积干旱、缺电等一系列生态环境灾害和能源危机表明，高速的经济增长和城市化进程已经对我国的资源环境产生了巨大的压力，城市化与资源环境基础之间的矛盾越来越明显地成为影响国家发展战略和政策制定的重要因素。

"一带一路"倡议是我国为推动经济全球化深入发展而提出的国际区域经济合作新模式，为我国西北地区带来了全球化、工业化和城市化快速推进的发展契机。2013 年以来，亚洲基础设施投资银行、丝路基金的建立，中国与哈萨克斯坦产能合作框架协议，中国与巴基斯坦合作协议等项目的展开，《推动共建丝绸之路经济带和 21 世纪海上丝绸之路的愿景与行动》等文件的发布，标志着我国"一带一路"倡议进入了全面推进阶段。其中，丝绸之路经济带在我国境内西北段涵盖了陕西、宁夏、甘肃、青海、新疆五省（自治区），该区域自 1999 年西部大开发战略实施以来，基础设施建设和生态环境治理等方面得到了迅速发展，城市化水平由 1999 年的 28.87% 增长到 2016 年的 57.35%。但是由于经济基础薄弱、生态环境敏感、社会背景相对复杂、开放性不足等，目前该区域正处于"社会矛盾的多发期、转型发展的加速期和改革开放的突破期"。作为西部大开发战略的前沿阵地和丝绸之路经济带的起点，致力于"走出去"的丝绸之路经济带战略为陕西省城市的快速发展和开放转型提供了历史机遇，也带来了巨大的资源环境压力。在"一带一路"倡议下，如何协调经济增长、产业承接与升级、人口转移、城市化进程、资源环境承载力及城市社会等方面的关系，成为陕西省未来城市可持续发展中亟待解决的重要命题。

三、研究区域选择及意义

本书选择陕西省作为研究区域（图 1-1），除了数据的可得性之外，主要基于以下两个原因。

第一，陕西省是中华文明的重要发源地，在农耕文明时代就有城市系统发育，城市化历史悠久。两千多年来，该区域的资源环境条件和城市发育状况都发生了巨大的变化。选取陕西省作为研究区域可以使本书从较长的时间尺度上对城市化与资源环境的关系进行探讨，以保证所得结论的科学性。

第二，陕西省处在我国南北地域分界线上，气候、水文、地质、地貌、植被和文化、经济等特征在空间分布上都具有明显的纬度地带差异。依据自然条件和人文特征，陕西省由北向南被划分为陕北、关中和陕南三大地带和经济区。因此，以陕西省为例对我国城市化发育的资源环境基础进行研究，可以兼顾各种资源环境基础、处在不同社会经济发展阶段的区域的情况，其结论具有较好的代表性和可推广性。

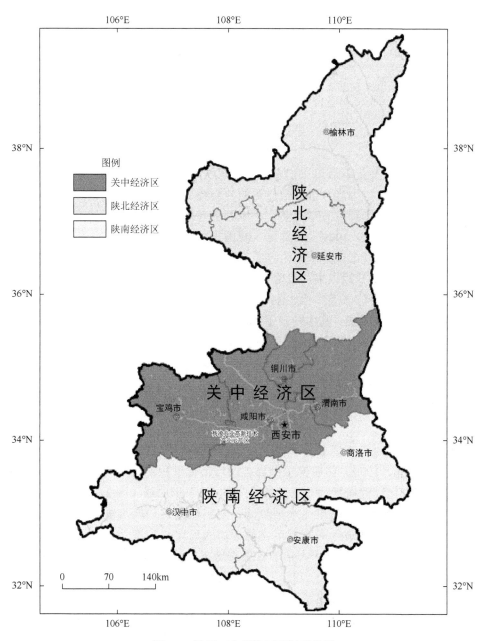

图1-1 陕西三大经济区区划示意图

第二章　城市化资源环境基础研究综述和理论构建

第一节　城市化与资源环境作用规律研究

一、城市化研究综述

18世纪英国工业革命以来，城市化逐渐成为世界各国社会经济发展的主旋律。城市化现象也成为当今世界最重要的社会经济研究领域之一，社会学、人口学、经济学、地理学和生态学等各个领域的学者都对城市化进行了广泛而深入的研究。据不完全统计，1949~2001年，我国出版了395部以城市化为研究内容的著作，其中以狭义城市化为研究内容的著作124部，完成学位论文100余篇（姜爱林，2002）。改革开放以来，我国公开发表的关于城市化的学术论文达万余篇。国际上，截至2017年5月，由Elsevier公司的Science Direct网站收录的城市化学术论文多达62 620篇，其中发表于 *Nature* 上的城市化论文达147篇。可见，目前城市化在国内外均得到了系统、深入的研究。

（一）城市化理论与规律研究

1. 城市化进程的阶段性规律

作为世界性的普遍现象，城市化过程有着一般性的规律。美国地理学家诺瑟姆（Northam，1979）在研究了世界各国城市化过程的轨迹之后，把一个国家或地区的城市化过程概括为一条稍被拉平的"S"形曲线（图2-1），并将城市化过程分为三个阶段，即城市化水平较低、发展较慢的初期阶段，人口向城市迅速集聚的中期阶段和进入高度城市化后城市人口比重的增长又趋缓慢甚至停滞的后期阶段。1987年，清华大学学者焦秀琦在《城市规划》杂志上发表的《世界城市化发展的S型曲线》一文，对诺瑟姆提出的城市化发展的"S"形曲线理论进行数学模型推导，得出了城市化发展的微分方程，并根据推导出的数学模型，描绘出城市化发展的"S"形曲线形状图。实践证明，城市化发展的确符合"S"形曲线规律。但对城市化发展阶段的划分，尚无统一的数量界限标准。一般认为，城市化水平在30%以下为初期阶段，30%~70%为中期阶段，70%以上为后期阶段。

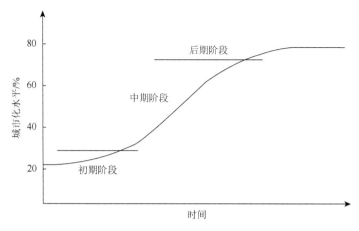

图 2-1　城市化进程的"S"形阶段性规律

随着世界城市化进程的推进,学者开始关注城市化后期阶段以后城市的发展状况,郊区化、逆城市化和再城市化的相关概念与理论相继出现。英国学者范登堡依据产业结构演进总结出城市化发展三阶段论,即从以农业为主过渡到工业社会、由工业经济过渡到第三产业经济、第三产业部门继续发展进入成熟阶段。他把自英国工业革命至今的世界城市化划分为三个阶段:第一阶段为城市化,第二阶段为市郊化,第三阶段为逆城市化与内域的分散。盖伊尔(Geyer)和康图利(Kontuly)结合当时世界比较流行的发展周期的观点,于 1993 年提出了"差异城市化理论"模型。该理论认为城市化进程中,大、中、小城市的净迁移大小随时间而变化,进而根据这种变化将城市发展分成三个阶段:第一阶段是大城市阶段,也叫作"城市化"阶段,此阶段大城市的净迁移量最大;第二阶段是过渡阶段,即"极化逆转阶段",在这一阶段,中等城市由迁移引起的人口增长率超过了大城市由迁移引起的人口增长率;第三阶段是"逆城市化阶段",在这一阶段,小城市的迁移增长又超过了中等城市的迁移增长。"逆城市化阶段"后将进入新一轮的城市化周期,即进入"再城市化"阶段。

2. 城市化与经济社会发展的互动规律

城市化与经济社会发展的互动规律主要是指现代化工业的兴起使生产要素的空间集聚不断加快,规模不断扩大,效益不断提高,为城市化提供了物质、技术条件和各种社会经济条件。同时,城市化又推动工业和经济社会的发展:一是城市的聚集效应和日益完善的基础设施降低了工业生产的成本;二是城市人口的增加扩大了对工业产品的需求;三是在科技文化和服务等方面优化了工业化的发展环境,进而促进社会经济的全面发展。因此,可以说城市化与社会经济发展互为前提、相互促进。

从城市化与工业化相关性来看，1988 年 Chenery 对城市化与工业化水平相关性进行了测度研究，得出在常态发展过程中工业化与城市化关系的一般变动模式，即随着人均收入水平的上升，工业化的演进导致产业结构发生转变，带动了城市化程度的提高。从工业化导致的产业结构转变看，制造业生产比重与就业比重的上升基本上是同步的，而非农产业就业比重与生产比重的上升则表现出阶段性差别：在人均国民生产总值（gross national product，GNP）达到 500 美元（按照1964 年的美元标准计算）以前，生产比重上升较快，而当人均 GNP 超过 500 美元之后，就业比重上升明显加快。田霖（2002）研究了城市化与城市现代化的双向互促共进关系。黄毅（2006）的研究发现，城市化进程与经济增长关系紧密，我国的城市化进程总体上滞后于经济增长，同时以现有数据拟合出不同水平下城市化与人均国内生产总值（gross domestic product，GDP）之间的对应关系。姜爱林（2004）运用经典模型和理论模型对城市化与工业化的互动关系进行分析，认为推进城市化要与推进工业化结合起来，使二者保持同步发展，实现二者的良性互动。同时，他也对城市化与信息化的内涵、特征与分类进行了研究，探讨了城市化与信息化之间的互动关系，认为城市化与信息化相互作用形成一种新的合力，共同推动经济向前发展。王可侠（2012）认为，现代社会经济发展的主线其实是产业结构、工业化和城市化三者不断调整升级并相互推动的过程，在此过程中，任何一方的显著进步都会同样明显作用于其他两者发展。他从三次产业结构演化与城市化进程的关系着手探讨城市化发展的一般规律，并选择江苏、浙江、安徽、江西四省样本数据，比较产业结构调整、工业水平升级与城市化进程的速度差距，进一步说明三者互动发展的关系。张旺等（2013）在阐述"新三化"（新型城市化、新型工业化与服务业现代化）耦合协调的含义基础上，构建了一套指标体系，采用全局主成分分析法计算了其"新三化"的发展水平；再运用耦合度和协调性模型，对 2004～2010 年 10 个超大城市"新三化"的时空协调规律进行了实证分析。王喆等（2014）分析了城市化的内涵及产业、人口和空间三个维度，介绍了钱纳里定律，并将空间维度纳入该分析框架，提出了一个新的假说：空间城市化起步于工业化初期，加快于工业化中期，且在工业化后期和后工业化时期仍长期持续。

3. 城市化的驱动力研究

城市化的发展动力是随生产力的发展水平而变化的，但产业的空间集聚与结构转换、城乡间和城市间的相互作用及技术进步始终是城市化发展的基本动力（钟凤等，2012；叶裕民，2001；蔡建明，1997）。1983 年，城乡建设环境保护部科学技术局开展了"若干经济较发达地区城市化道路"的研究，该课题组概括了促进我国城市化进程的五个动力，即国家有计划投资、大中城市自身发展与扩散、乡村工业化、外资引进的刺激和地方经济的发展。一些学者详细分析了产业结构变动、人口迁移、城市效益等对城市化的影响（甘联君，2008；杨波，2005；宁越敏，1998；严国芬，1988）。20世纪90年代以来，我国城市化的动力机制和特点发生了很大变化，出现新城市化趋势，即多元城市化动力替代以往一元或二元城市化动力。基于全国各地区域经济发展的地域差异，一些学者对不同区域的城市化动力机制、城市化地域差异进行了实证研究和对比分析（牛品一等，2013；乌敦等，2009；吴莉娅，2006；胡序威等，2000；杨立勋，1999）。概括起来，现阶段中国基于区域经济发展差异的城市化动力机制主要有三种模式，即自下而上的城市化、自上而下的城市化和外资影响下的城市化（薛俊菲等，2012；陈波翀等，2004；崔功豪等，1999；薛凤旋等，1995）。

（二）城市化实证研究

1. 世界城市化研究

20世纪70年代，西方地理学界对城市体系、城市化、城市职能这些城市地理学的传统课题的研究达到了高潮，并在理论上进行了总结。80年代以来，这些研究开始衰落。同时，由于欧美发达资本主义国家的城市化高潮已经过去，关于城市化研究的重点地区主要是发展中国家和经济转轨国家（许学强，2003）。

有关城市化水平的数据大约在1800年后才出现。18世纪60年代，起源于英国的工业革命浪潮席卷欧美以至整个世界。从此，世界从农业社会开始迈向工业社会，世界城市化进程大大加快，人类文明从乡村时代开始进入城市时代。如图2-2所示，1800年世界城市人口约占总人口的2.4%，1900年约占13.3%，1925年占到21.0%，1950年达到29.0%，1990年激增至42.6%，2007年上升到49.0%，尤其是发达国家，城市化率高达75.0%，发展中国家的城市化率也达到了43.0%（张雷，2009）。

世界范围的城市化进程可分为三个阶段：①1760～1851年，世界城市化的兴起、验证和示范阶段；②1851～1950年，城市化在欧洲和北美等发达国家的推广、普及和基本实现阶段；③1950年至今，城市化在全世界范围内推广、普及和加速阶段。

2. 中国城市化研究

近年来，我国的城市化相关研究的总趋势为研究领域越来越宽广，新方法运用越来越广泛。具体研究内容主要包含以下几个方面：城市化的概念与内涵、城市化道路选择、城市化动力机制、城市化发展水平、城市化发展速度、城市化与

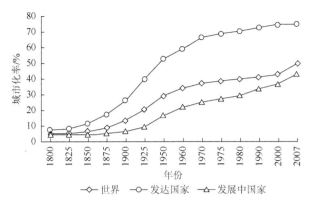

图 2-2　世界城市化发展进程

资料来源：张雷，2009

社会经济发展的关系、城市化的资源环境效应、城市化可持续发展研究、乡村城市化、流动人口及郊区化等。目前我国的城市化进程已经进入快速发展阶段，城市化问题的研究成为城市地理学，乃至整个人文地理学研究的热点。

（1）中国城市化战略研究。中华人民共和国成立以来，伴随着国民经济的恢复和发展，中国城市的建设和发展无论在数量还是在质量上均有了长足的进步。但是，由于我国的城市化进程在不同时期所采取的城市化战略大相径庭，使得我国的城市化道路不能在一个相对稳定的环境下进行，造成城市化道路比较曲折，从而在不同的阶段呈现出阶段性特征。

20 世纪 80 年代以前，我国城市化发展走的是"积极推动工业化，相对抑制城市化"的道路，造成两者在发展速度上不相称，在相互促进上明显不匹配，在社会结构上形成深刻的二元化（牛文元，2006）。80 年代，国家强调"严格控制大城市规模，合理发展中等城市和小城市"。90 年代后期以来，农村城市化和小城市发展受到重视。当前，在城市发展战略上，仍然存在几种截然不同的意见，主要包括主张重点发展小城市、主张重点发展中等城市、主张重点发展大城市及支持多元化的城市化道路等观点。

主张重点发展小城市的观点主要有：费孝通（1996）提出"小城市、大问题"，指出小城市的兴衰存亡直接影响到农村商品经济的发展，直接影响到几亿农村剩余劳动力的出路；胡少维（1999）认为发展小城市成为商品经济体制下我国的必然选择；辜胜阻等（2000）认为我国的城市建设应该以县城或县域中心城市为主。

主张重点发展大城市的观点主要有：房维中（1994）认为我国城市的规模效益以 100 万～400 万人口为最好；于晓明（1999）认为"大城市超前增长"是普

遍规律，要有重点地积极发展大城市。"中等城市论"则是主张重点发展大城市和主张重点发展小城市这两种观点的折中。

周一星（2000）认为城市体系永远是由大、中、小各级城市组成的，提出"多元论"的城市化方针；夏振坤等（2002）提出应当在不同的发展阶段走不同的城市化道路；叶裕民（1999）强调大城市要发展与控制并重，小城市要以集中为主，重在扩大规模；崔援民等（1999）则认为应当将集中型与分散型城市化道路相结合，实行"区域性城市化发展战略"；刘盛和等（2003）认为全国各地区的非农化与城市化的关系呈现出多样化的类型和极为悬殊的差异，不宜实行全国统一的城市化政策，而应该分类指导、因地制宜地推进各地区的城市化进程。

从区域协调发展的观点来看，全面发展大、中、小城市，构建合理有序的区域城市体系、坚持多元化的城市化道路是把社会效益、经济效益和生态效益三者结合的最佳选择。同时，我国国土辽阔，人口众多，地域差别很大，生产力水平和经济发展不平衡，城市发展的基础也有很大差异，不能以城市规模一概而论。因此，城市化应充分体现区域特色，靠区域城市化来实现城市化的总体战略目标。

（2）中国城市化进程研究。我国是世界上城市起源最早的国家之一，其历史可以追溯到距今4000多年以前。然而，就我国的现代城市化发展而言，其历史只有70年。从19世纪后期至中华人民共和国成立前的近代中国城市化过程，主要来源于西方殖民主义的扩张，是在西方近代文明的作用下产生的外生型城市化，而并非中国社会经济内部机制发展到一定阶段、充分成熟后的自然选择。因此，我国近代城市化具有殖民色彩，这个时期，繁荣的城市与凋敝的农村同时并存于半封建、半殖民地的中国。

中华人民共和国成立后，我国正式开始了真正意义上的城市化，尤其是1978年改革开放以来，以家庭联产承包责任制为核心的农村经济体制改革大大解放了农村的生产力，提高了农业生产效率，农村的富余劳动力问题也日益暴露出来。在逐步开放搞活的体制框架下，大批的农村富余劳动力开始向城市转移，在非农产业领域寻求新的就业机会和发展空间，从而逐步掀起了我国城市化的浪潮，并引起了我国社会经济结构的一系列重大变化。20世纪80年代以来，我国的城市化现象和显露的问题受到学术界的广泛关注，城市化研究迅速展开。不同学者分别对中华人民共和国成立以来中国城市化的发展阶段进行了划分（方创琳等，2009；高佩义，2004；顾朝林等，1999）。综合各位学者的研究成果，本书将我国现代城市化划分为六大阶段：①启动阶段（1949～1957年），1949年我国仅有132个城市，非农业人口5765万人，城市化水平（以非农业人口占总人口的比重计算）为10.64%。这一阶段大规模的经济建设使我国的工业化程度迅速提高，一批新兴工业城市诞生，到 1957 年，我国的城市化率迅速提高了 4.76 个百分点。②波动与徘徊阶段（1958～1964 年），此阶段是城乡分割的城市化阶段，我国的城市化进程一度出现了严重的波折乃至停滞。20 世纪 50 年代末，由"大跃进"等运动造成的经济过热在我国形成了短暂的城市化高潮，工业建设遍地开花，农村人口以空前失控的规模涌入城市。1958～1960 年，城市人口增长了 2000 余万，城市化水平由 1957 年的 15.4%提高到 1960 年的 19.5%。20 世纪 60 年代初至"文化大革命"前，"大跃进"的负面影响开始显现，再加上大范围的严重自然灾害，我国的城市化进程出现了倒退，即出现了第一次逆城市化现象，2600 万城市人口被下放到农村，1964 年我国的城市化水平猛跌至 14%。③停滞阶段（1965～1978 年），这一时期，大批城市知青上山下乡和干部下放，或转向偏远山区投入到"三线"建设。这一系列逆城市化政策形成了我国第二次规模较大的人口回流农村，在整体上严重阻滞了我国的城市化进程。1978 年全国城市数量为 193 个，城市人口 1.7 亿，城市化水平为 17.9%，仅比 1949 年上升 7.3 个百分点。④恢复阶段（1979～1984 年），此阶段是以农村经济体制改革为主要驱动力的城市化阶段，"先进城后建城"的特征比较明显。就人口来看，城市化水平从 1978 年的 17.92%提高到 1984 年的 23.01%，年均提高 0.85 个百分点。⑤缓慢增长阶段（1985～1991 年），此阶段是乡镇企业和城市改革双重推动的城市化阶段，以发展新城市为主，沿海地区出现了大量新兴的小城市。⑥快速发展阶段（1992 年至今），1992 年，我国开始城市化的全面推进，以城市建设、小城市发展和普遍建立经济开发区为主要动力。1992～2015 年，全国设市城市由 517 个增至 656 个，城市化率由 1992 年的 27.63%提高到 2015 年的 56.10%，年均提高 1.24 个百分点。

（3）中国城市化发展的特征研究。不同学者对我国城市化进程的特征研究主要集中在以下几个方面：①城市化进程的波动性特征。例如，胡焕庸等（1984）认为导致我国城市化进程在改革开放前波动较大的原因主要是政治、经济等因素。②城市化水平低，滞后于工业化。大部分学者认为中国与处于同一发展水平上的其他国家相比属于低度城市化，其原因主要有重工业战略说（叶裕民，2001）、意识形态说（Ma，1979）、二元结构说（张林泉，2000）和政策制度说。③城市规模偏小。例如，李郇（2004）等学者通过实证分析证明了城市规模不足是制约我国城市效率提高的最主要因素。④城市化的区域差异大。例如，刘盛和（2004）通过研究认为，1990～2000 年中国城市化水平的省际差异已从原来的北高南低态势转变为东高西低的格局，区域城市化水平与工业化水平或经济发展水平呈正相关，与人口密度、农业经济呈负相关。⑤城市化速度过快。例如，陆大道等（2007）认为近年来我国城市化脱离了循序渐进的原则，出现了"冒进式"城市化的现象。⑥城乡二元结构明显。例如，刘勇（2011）认为我国的基本公共服务和社会保障没有普遍、均等地惠及城乡人口，城乡没有形成良性互动的格局，城市化推进未能有效、稳定地减少依赖土地的农业人口。

3. 陕西省城市化研究

张晓辉（2007）认为陕西省的城市化整体上存在城市化率低、空间布局不合理、规模等级结构不平衡和职能同构现象突出的基本特征；王军生等（2005）认为，就动态趋势而言，1978~2003年陕西省城市化与产业结构的协调状态不断改善，但是现阶段陕西省城市化与产业结构尚处于中低协调水平，城市化与产业结构在结构、功能、时间和速度上依然存在不同程度的失调现象；关士苏等（2007）认为陕西省城市化水平与人均 GDP 有明显的正相关关系，并落后于工业化水平，其城市化前期的主要拉动力量是工业化，而中后期主要依靠服务业发展，服务业的就业人口比重与陕西省城市化相关性最大；卫海燕等（2006）对 1991~2002年陕西省的耕地面积与城市化水平进行相关分析和回归分析，结果表明城市化水平与耕地面积之间存在极强的负相关关系；袁晓玲等（2008）构建了城市化质量评价指标体系，采用聚类、相关和因子分析等方法，根据物质文明、房地产开发、支配收入、精神文明和生态文明五项指标综合评价陕西省 10 个地级市的城市化质量，所得排名依次为西安、铜川、宝鸡、咸阳、渭南、延安、汉中、榆林、安康和商洛；刘人境等（2007）采用主成分分析法提取了影响陕西省各地级市城市化水平的主要因素，采用计算灰色关联度的方法定量研究了各主要因素对陕西省城市化进程的影响程度，其结论为对陕西省城市化水平影响最大的因素是区域经济发展状况，其次为农业发展状况，区域城市设施完善程度与城市化水平关联度逐渐升高；杜晓艳等（2006）认为发展中心城市是陕西省城市化的最优途径；张晓棠等（2010）从灰色系统论角度，建立了城市化与产业结构耦合发展的评价指标体系，并提出基于模糊评价法和 GM(1,1)模型的耦合研究方法，对陕西省城市化与产业结构耦合发展水平进行了评价、预测；席娟等（2013）基于城市土地利用效益与城市化的交互耦合机制，构建了两者之间的耦合度和协调度模型，对陕西省 10 个地级市的城市土地利用效益与城市化的耦合协调发展时空差异特征进行了深入分析，结果显示，在研究期间，城市土地利用效益总体上滞后于城市化的发展，两者的耦合程度基本上都处于颉颃阶段，协调度大多处在中度和严重失调阶段，城市土地利用效益与城市化耦合协调度水平不高，区域差异明显，没有达到良性共振；詹新惠等（2014）构建了旅游业与城市化的耦合协调度模型和指标体系，对陕西省旅游业与城市化发展耦合关系进行了定量分析，研究发现 2001~2011 年，陕西省 10 个地级市旅游业与城市化耦合协调度稳步提高，总体呈现旅游业发展潜力型态势，且陕西省 10 个地级市城市化水平与旅游业发展具有地域性块状分布的特点。

二、城市化与资源环境作用规律研究

（一）城市化与资源环境单要素的作用规律研究

1. 城市化进程与土地资源关系研究

城市化进程与土地资源之间有着密切的作用关系，城市化最直观的表现为城市建城区不断扩展，城市景观逐渐取代乡村景观，建设用地取代耕地、草地和林地等其他土地利用类型。

（1）城市化进程与耕地资源的关系。城市化过程对耕地资源有着直接显著的影响，城市化速度越快、强度越高，对城市周边耕地的影响就越大。曹雪琴（2002）认为这种影响具有双重性，一方面城市可能占用和破坏原有耕地，加剧人与耕地的矛盾；另一方面可以为缓解人与耕地的矛盾创造条件和机遇，促进自然生态环境系统良性循环。据典型调查统计资料，我国目前乡村的人均建设用地是城市的 217 倍，其中人均工业用地为城市的 1017 倍。因此，在由以乡村人口为主，转向以城市人口为主的城市化过程中，从城乡建设用地的总量平衡上来看，不但不会加大耕地占用量，而且可以节约出大量的耕地。在实证研究领域，张国平等（2003）研究了 1990～2000 年我国耕地资源的时空变化；杨桂山（2004）对长江三角洲地区城市化的研究表明，1955～1998 年，长江三角洲地区的耕地数量呈现出明显的波动减少趋势，经历了由"增加—急剧减少—缓慢减少—快速减少"的基本变化过程，其形成机制主要是政策、经济发展和人口增长的驱动；李景刚等（2004）研究了 1983～2001 年我国北方 13 个省份的耕地变化与驱动力，并进行了未来变化情景模拟；贾绍凤等（2003）分析了日本城市化中的耕地变动与经验，并对我国耕地变化趋势与对策进行了探讨，认为人口城市化和劳动力非农化不但不是耕地减少的主要原因，而且是节约土地资源的有效对策；陈海军等（2010）应用回归分析法和协调度分析法分析了成都市城市化水平和耕地资源的变动情况，结果表明成都市城市化水平与耕地面积变化呈现出显著的负相关关系，城市化水平与耕地面积协调度呈阶段性分布，总体呈现出"调和和基本调和—不协调—调和和基本调和"的趋势。曹萍等（2014）运用协调度模型评价分析了 1990～2011 年宁夏沿黄城市带的城市化进程与耕地资源数量动态变化的协调性，并对未来协调关系进行预测，结果表明 1990～2011 年两者关系在较协调、基本协调、调和和不协调状态之间波动，未来研究区要保持城市化水平与耕地数量的协调发展，耕地资源保护形势严峻。

（2）城市化和土地利用与土地覆盖变化（land use and land cover change，LUCC）

的关系。20 世纪 90 年代以来，许多全球变化的研究计划都将 LUCC 作为重要研究内容。国内外对 LUCC 的研究倾向于三个重要趋势：第一是遥感数据与地理信息系统（geographic information system，GIS）技术的应用；第二是 LUCC 的动态模拟及空间格局变化；第三是 LUCC 与社会经济人文要素的综合。就土地利用而言，在城市化的不同阶段，各种用地类型占总用地的比例呈现出不同特征。在城市化进程中，产业结构的演进引起土地资源在产业部门之间重新分配，导致土地利用结构发生变化。在第一产业占最大比重的前工业化阶段，土地利用以农用地为主，城市和工矿、交通用地比重很小。随着工业化的加速发展，农业用地和劳动力不断向第二、第三产业转移，在没有新的农用地资源投入使用的情况下，农用地比重逐渐减少，而城市工业和交通用地不断扩大。农业用地减少的过程将会一直持续到农业剩余劳动力被第二、第三产业吸收完毕，即工业化完成时。到后工业化社会，工业用地的增长会稳定下来，但交通、居住和旅游用地的比重还会继续增加。在 LUCC 的实证研究领域，史培军等（2000）研究了深圳市土地利用变化的时空分析规律，认为这种变化的驱动力主要是深圳经济特区的开放政策、城市人口迅速增长、外资大量涌入和以房地产为主的第三产业的快速发展；田光进（2002）运用遥感与 GIS 方法对 20 世纪 90 年代我国城乡居民点用地的时空特征进行了研究；王群（2003）认为我国省份土地利用差异的变化与各省份人口增长、城市化水平、经济发展水平、粮食供应和生态保障之间有着较强的相关关系；张文忠等（2003）通过分析珠江三角洲 1990～2000 年的土地利用变化规律，进一步研究了工业化、城市化发展阶段与土地利用变化类型的关系，结果表明处于不同工业化、城市化阶段的县市，其土地利用变化明显不同，且与工业化、城市化进程和状态具有一定的内在关系；马蓓蓓等（2006）对 2000～2004 年陕西省关中地区建设用地演变的时空动态特征进行研究，结果表明关中地区的建设用地开始由粗放型增长向理性增长和内涵型增长过渡；郭文华等（2005）对中国城市化过程中的建设用地评价指数展开探讨，结果认为农村居民点整理是缓解中国城市化过程中建设用地紧张的根本措施；孟宪磊等（2010）利用遥感影像对慈溪 1997～2007 年快速城市化阶段土地利用变化进行分析，结果表明慈溪的城市化导致城市用地增加，农田和自然景观减少，且政府决策及其鼓励下的加速工业化、城市和农村建设城市化、农业发展市场化是慈溪城市化过程中土地利用快速转化的主要驱动因素；陈永林等（2015）利用土地利用类型面积比、土地利用动态度、土地利用转移矩阵、城市化综合发展水平等指标对长沙市的土地利用变化进行了定量分析，并探讨了城市化水平与土地利用变化的关系，结果表明土地城市化、产业城市化及人口城市化之间存在着正反馈关系，土地利用变化与城市化的关联发展经历三个阶段：城市空间初期蔓延阶段、城市空间加速扩张阶段和城市空间急速膨胀阶段。

2. 城市化进程与水资源关系研究

随着全球淡水资源的紧缺，水资源逐渐成为制约城市发展的核心资源要素，城市化进程与水资源关系的研究也成为热点研究问题。联合国教育、科学及文化组织（简称联合国教科文组织）从 1975 年开始进行了一项长期的政府间计划，即国际水文计划（International Hydrological Programme，IHP），对城市化与水资源利用发起了大量的科学研究，并召开了若干国际专题讨论会和国际会议，连续发表了《城市化的水文影响》（1974 年）、《城市化和工业化对水文情势和水质的影响》（1977 年）、《城市化地区排水手册》（1987 年）、《集成化水资源管理——适应可持续性的挑战》（1993 年）、《城市发展与淡水资源：沿海小城市的行动与建议》（1998 年）、《水、城市和城市规划》（1998 年）和《城市水资源管理的前沿：僵局还是希望》（2002 年）等研究成果。国内关于城市化与水资源关系的研究，最早始于北京大学侯仁之（1962）关于北京城市发展与水资源关系的研究；黄盛璋（1982）研究了西安城市发展与水资源的关系；史念海（1991）研究了黄土高原地区城市发展与水资源的关系；张骅（1996）根据史料研究了世界上许多城市的形成过程后，得出依水建城是城市形成的基本规律，如埃及的开罗，我国的北京、西安、洛阳、南京等城市。

在城市化与水资源利用关系的定量方面，常用的研究指标为水资源承载力和水资源压力，即从承载容量的角度，计算出某一区域、某一城市化阶段的最大城市人口数和总人口数，并结合社会经济发展和生态环境状况得出其对水资源的胁迫程度。大多数对城市化与水资源关系的定量研究一般采取直接预测城市人口、生活用水、工农业用水和生态环境用水的方法（潘建波，2003）。较有代表性的是中国工程院于 1999～2001 年组织的"中国可持续发展水资源战略研究"，对我国的水资源状况、供需平衡、污染与治理、开发利用等课题进行的系统研究（钱正英等，2001）。其中，"中国城市水资源可持续利用与保护"课题，在总结分析我国城市发展和城市水资源开发利用现状及存在问题的基础上，研究了不同规模城市用水指标的差异，分析了城市用水随城市人口规模变化的规律和城市用水变化的阶段性，还预测了城市化进程的发展趋势及全国分区域城市的需水量和投资需求（刘昌明等，2002）；国家发展和改革委员会宏观经济研究院课题组（2004）分析了中华人民共和国成立后的 50 年间全国 GDP 指数与年用水量数据，计算出我国社会经济发展与水资源利用的关系，用来预测特定阶段城市化水平每上升一个百分点时城市用水量的增加情况；刘卫东等（1993）采用柯比-道格拉斯生产函数研究了水资源短缺对区域经济发展的影响；金凤君（2000）重点分析了华北平原地区城市化发展水平、发展趋势及其与水资源利用之间的关系，将城市用水结构划分为四种类型，并探讨了我国城市规模与居民用水量的关系，得出我国大城市人均综合用水量较高的结论；吴佩林（2005）就全国660座城市生产与生活用水现状、改革开放以来我国城市用水量和用水结构变化进行分析，认为城市化发展将导致城市规模扩大，推动产业结构调整和升级，提高水资源的重复利用率和污水处理率，能促进节约用水和节水型城市建设，从而有利于提高水资源利用效率；李春丽等（2010）对塔里木河流域1990~2005年城市化水平、用水总量、产业结构、用水效益的变化过程进行比较分析，建立了城市化水平与用水效益、用水总量之间的数学关系；吕素冰等（2016）分析了中原城市群及各地市2006~2013年城市化发展与用水量、用水效益和用水水平的相关性，以及耦合城市化水平与强相关指标之间的回归关系，得出中原城市群城市化水平与工业和生活用水量均呈显著对数增长关系，与单方水GDP呈显著线性增长关系，与人均生活用水量呈较显著对数增长关系的结论。

在针对干旱、半干旱地区城市化与水资源之间的作用关系方面，成升魁等（2003）运用多种分析方法，以城市化进程与水资源利用的关系作为切入点，对西北地区城市化的演进过程与质量进行评价，探讨城市化进程中水资源利用的数量、结构、效益等的变化、水环境问题和可持续性，并对西北地区城市化进程与城市用水趋势进行预测；方创琳等（2007）以西北干旱区的甘肃河西走廊为例，分析了水资源变化与城市化过程的交互耦合效应，并通过研究计算出这一地区城市化水平每提高一个百分点所需增加的城市用水量，指出城市化水平每隔5%的单位城市化水平所需城市用水量越大，取水难度和用水成本也越大，进而预测出这一地区可能达到的最大城市化水平。安瓦尔·买买提明等（2011）以喀什地区城市化与水资源利用数据为基础，采用灰色关联方法分析2002~2008年喀什地区城市化与水资源利用结构之间的关联性，结果表明喀什地区城市化与水资源利用结构变化之间有显著的关联性，城市化水平，第二、第三产业比重，人均GDP与城乡居民可支配收入等是喀什地区水资源利用结构变化的主要动力因子。杨雪梅等（2014）以典型的西北干旱内陆河流域——石羊河流域为例，提出水资源-城市化复合系统耦合度计算模型，构建了耦合度评价指标体系和各项评价因子分级标准，并将研究区水资源及其利用状况与严重干旱缺水的中东国家以色列进行对比，认为石羊河流域水资源承载力还有一定的潜力。

3. 城市化进程与能源、矿产资源关系研究

人类文明从孕育之初就开始了对能源和矿产资源的开发利用，并在文明发育的过程中愈发明显地表现出对能源和矿产资源的依赖性。从古到今，人类社会用各类能源或矿产资源来表征自身文明发育的核心特征，如"石器时代""铜器时代""铁器时代""石油时代"和"核能时代"等（张雷等，2006）。受限于科学

技术发展水平和文明积累程度，在人类早期的文明发育过程中，能源矿产的开发利用程度低下。自工业革命以后，机器化的社会生产开启了人类大规模开发利用能源和矿产资源的闸门。各国实践表明，国家和地区工业化的高速发展无一不是依赖大量而廉价的能源和矿资源投入来实现的。人类文明发育的需求变化，将能源与矿产推到了资源环境开发的主导地位。能源和矿产资源是城市化发展的重要物质基础，而城市化水平的提高又会对能源和矿产消费提出新的要求；此外，由能源和矿产消费引发的生态环境污染已成为制约城市可持续发展的巨大障碍。

能源和矿产资源开发是促进城市产生与发展的重要驱动因素，能源和矿产资源的开发规模和强度都远大于其他自然资源（汤建影等，2003），往往成为区域城市化发展的先导，并带动其他产业的发展和区域基础设施的建设，进而引发更大规模资金的进入，促进区域产业结构的多样化发展，最终从质和量两个方面提高城市化的发展水平。然而，作为可耗竭性资源，能源和矿产资源显然不可能始终作为区域城市化推进的主导因素，随着国家整体产业结构的升级和科技、区位等因素在经济发展中作用的增强，能源资源富集区往往会陷入"资源陷阱"（张复明，2011），最初的资源优势反而会成为城市化进一步发展的障碍。

能源资源的消费结构会随着经济发展水平的提高发生改变，煤炭等低效、高污染的能源消费比重会下降，而石油、天然气等热效率高、环境危害小的能源消费比重会逐渐升高。在终端能源消费结构中，一次能源所占比重会不断下降，二次能源所占比重会逐渐升高（张雷，2004）；城市是能源消费的主体，尤其是民用能源消费水平及其结构，突出反映了一个地区的经济发展水平与城市化发展水平之间也存在明确的对应关系（蔡国田，2007）。一般来说，城市化水平较低的地区，能源消费对能源赋存状况具有较强的依赖性。随着城市化水平的进一步提高，其能源消费模式最终会演变为需求导向型，在高城市化水平地区的城市民用能源消费构成中，最终演变趋势是仅依赖电力和天然气这两种二次能源。

（二）城市化与资源环境综合要素的作用规律研究

1. 生态足迹研究

（1）概念与目标。生态足迹（ecological footprint）也称生态占用或生态痕迹，是近十几年全球范围内广泛使用的一种衡量人类活动与资源环境要素消费状况之间关系的定量研究方法。1992 年，加拿大生态经济学家 Rees 和其博士生 Wackernagel 首次提出了生态足迹分析（ecological footprint analysis）法。生态足迹分析法是一种度量可持续发展程度的生物物理方法，它表示在现有技术条件下，保持现有的生活质量与消费水平，特定人口单位（一个人、一个城市、一个国家或全人类）需要多少具备生物生产力的土地和水域，用以生产这些人口所需的生物资源和吸纳所衍生的废物。

生态足迹的意义在于探讨人类对自然资源环境的依赖程度，以及要怎么做才能保障地球的生态承载力，进而支持人类未来的生存。生态足迹理论把资源流转换成同一个生物生产面积单位，即全球公顷或全球英亩[①]（global hectares/global acres），使得国家的生态足迹和生物生产力能直接进行比较（纵向和横向），每一全球公顷指地球所有生物生产表面平均每公顷的生产能力。

（2）基本思想与计算方法。生态足迹理论首先基于以下两点基本假设：首先，人类能够估计自身消费的大多数资源、能源及产生的废弃物数量；其次，这些资源与废弃物流能折算成生产和消纳这些资源与废弃物的生态生产性土地面积。其基本思想为：将地球表面划分为六种生物生产性土地，即化石能源地（fossil energy land）、可耕地（arable land）、林地（forest）、草场（pasture）、建筑用地（built-up areas）和海洋（sea），通过均衡因子进行加权求和，即得生态足迹；将其与研究区域的生态承载力进行比较，可得出研究区域的可持续发展状态，即生态盈余或生态赤字（图2-3）。

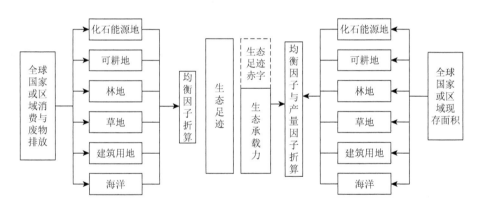

图 2-3　生态足迹方法计算流程简图

区域生态足迹的计算公式为

$$EF = N \times ef = N \times \sum_{i=1}^{n}(aa_i \times r_i) = N \times \sum_{i=1}^{n}\left(\frac{C_i}{P_i} \times r_i\right) \qquad (2\text{-}1)$$

式中，EF 为区域的总生态足迹；N 为区域总人口数；ef 为人均生态足迹；aa_i 为人均第 i 种消费物品折算的生物生产面积；r_i 为均衡因子；C_i 为第 i 种物品的人均消费量；P_i 为第 i 种物品的平均生产能力。其中，均衡因子 r_i 的引入是为了转换成

---

① 1 英亩≈4046.86m²。

世界标准化面积。传统算法中采用的均衡因子 r_i 分别为：可耕地、建筑用地为 2.8，林地、化石能源地为 1.1，草地为 0.5，海洋为 0.2。

世界自然基金会（World Wild Fund for Nature，WWF）从 1998 年开始每两年发布一次"生命行星报告"，反映国家的自然状况及人类活动对自然资源和环境的影响。《生命行星报告 2006》根据 2003 年的数据完成，1961 年以来人类的生态足迹增长了 3 倍多，人类对地球生态系统的占用大约超过了地球生物圈可更新能力的 25%，其中 CO_2 的排放占人类活动对地球影响的 48%。该报告预测，如果人类按当时的速度消耗资源，到 2050 年人类将用掉相当于两个地球的自然资源。世界自然基金会 2006 年 4 月公布的《亚太区 2005 生态足迹与自然财富报告》显示，亚太区人口耗损资源的速度接近该地区自然资源复原速度的两倍，而居住在该地区的人类所需的地球资源比该地区生态系统可提供的资源量高出 1.7 倍。1961～2000 年，我国人均生态足迹的增长几乎超出了原来的一倍，2000～2007 年我国的人均生态足迹比较稳定。欧洲和北美的人均生态足迹比亚洲的人均生态足迹高出 3～7 倍。

（3）生态足迹方法的优点。生态足迹方法的主要优点在于：①不仅考虑到城市的直接资源环境占用，也对由于城市农副产品消费和环境污染所产生的资源环境占用给予关注；②克服了以往评价指标体系过于庞杂、评价技术存在缺陷及可操作性不强的不足；③打破了传统的国民经济账户指标 GDP 在测度发展的可持续性方面存在的局限；④便于国际的横向比较和不同时间断面的纵向比较。从 20 世纪 90 年代开始，生态足迹分析法在国外流行。1999 年，生态足迹的概念被引入国内，很快成为生态学与可持续发展研究的重要领域，针对其理论、计算方法和实证的研究成果颇丰。

2. 生态系统承载力研究

生态系统承载力（ecological capacity）也称生物承载力（biocapacity），指在不损害生态系统的生产力和功能完整，并且保证实现可持续利用的前提下，最大的资源利用量和废物消化量。

不同国家或地区各种生物生产土地类型的生态生产能力存在很大差异，因此不同国家或地区的同类生物生产土地的面积需要进行加权才能进行比较，可用产量因子（yield factor）表示：

$$y_j = \frac{LP_j}{LP} \qquad\qquad (2-2)$$

式中，y_j 为产量因子；LP_j 为第 j 个国家或地区某类土地的平均生产力；LP 为世界同类土地的平均生产力。

将各种生物生产土地类型面积乘以相应的均衡因子和当地的产量因子，就可以得到带有世界平均产量的生态承载力，人均生态承载力的计算公式为

$$ec = a_j \times r_j \times y_j \ (j = 1, 2, \cdots, 6) \tag{2-3}$$

式中，ec 为人均生态承载力；a_j 为人均生物生产面积；r_j 为均衡因子；y_j 为产量因子。

区域生态承载力的计算公式为

$$EC = N \times ec \tag{2-4}$$

式中，EC 为区域总人口的生态承载力；N 为人口数。

生态承载力常常与生态足迹配合使用来表征区域的可持续发展状态。当区域的生态承载力大于生态足迹时，称为生态盈余，表示该区域的发展状态可持续；当区域的生态承载力小于生态足迹时，称为生态赤字，表示该区域的发展状态不可持续。

3. 城市"三生"空间研究

城市"三生"空间是指城市生产空间、生活空间和生态空间。不同空间尺度下的"三生"空间所包括的含义具有显著的差异性。从城乡视角来看，诸多学者对"三生"空间的内涵达成一致的观点：生产空间指供给农产品、林产品、畜牧产品、工业产品、能源矿产、旅游景观产品等的国土空间；生活空间指提供居住、消费、休闲和娱乐的国土空间；生态空间指能够缓解环境恶化、提供生态屏障的国土空间。国内已有研究成果对城市"三生"空间的分类方法见表 2-1。林坚等（2014）在认同"三生"空间的基础上，指出应将道路交通、行政机关等设施空间归为保障空间，其作用显著并独立存在于"三生"空间之外，为"三生"空间的有序运行提供支撑与保障。从城市视角来看，关于"三生"空间的内涵尚未形成统一、明确的观点。李广东等（2016）认为城市生活功能具体细分为空间承载与避难功能、物质生活保障功能和精神生活保障功能，居住承载、交通承载、存储承载和公共服务承载功能是维持城市与区域系统运行的基底；易秋园（2013）认为城市土地生产功能包括工业产品输出和第三产业的服务产出，生态功能指城市范围内具有生物保育、气候调节、保持水土等功能的土地。从乡村视角来看，相关研究还处于发展阶段：龙花楼（2013）从"三生"空间的视角探讨了乡村空间重构的模式、战略及土地整治助推机制；洪惠坤等（2016）认为乡村生产功能主要是通过生产空间提供农林牧渔业初级产品生产方面的功能，生态功能主要是为乡村生态系统提供环境负熵流，容纳消解污染物的功能，生活功能则主要包括区域人口承载、文化传承和社会保障等方面。国内已有的研究成果根据研究对象的不同主要分为基于《土地利用现状分类》（GB/T 21010—2007）和基于《城市用

地分类与规划建设用地标准》（GB 50137—2011）构建的"三生"空间分类体系，研究的空间尺度主要涉及国土空间、丘陵区和旅游城市化地区。刘长青（2014）以丘陵地区为研究对象，对其"三生"用地结构特征进行分析，发现地势起伏是"三生"用地结构变化的重要因素：地势起伏减小，生产、生活、生态用地的比重分别呈现增加、变化不大、减小的趋势。张红旗等（2015）通过提取我国"三生"用地的分布范围发现，生态、生态生产、生产生态、生活生产用地分别占国土面积的 62.89%、14.10%、20.85% 和 2.16%，其中生态用地主要分布在中西部，生态生产用地因其生产功能具有明显的地域分异，生产生态用地和生活生产用地则集中分布在东部地区。

表 2-1　国内已有研究成果对城市"三生"空间的分类方法

城市建设用地类型	分类方法一	分类方法二	分类方法三
居住用地	生活空间	社会空间	生活空间
公共管理与公共服务用地	生活空间	社会空间	保障空间
商业服务设施用地	生产/生活空间	生产空间	生产空间
工业用地	生活空间	生产空间	生产空间
物流仓储用地	生活空间	生产空间	生产空间
道路与交通设施用地	生活空间	社会空间	保障空间
公共设施用地	生活空间	社会空间	保障空间
绿地与广场用地	生态/生活空间	生态/社会空间	生态/保障空间

注：分类方法二中社会空间指城市内具有社会功能的空间；分类方法三中保障空间指为"三生"空间的有序运行提供支撑与保障的空间，作用显著且独立存在，主要包括道路交通、行政机关等设施空间。

4. 其他要素综合研究

随着世界各国城市问题的频繁出现，快速城市化进程中资源环境对城市化的刚性约束作用越来越明显，城市化与资源环境领域相结合的研究逐渐成为城市化研究领域的新热点。方创琳（2009）、方创琳等（2007）对改革开放以来我国的城市化进程，城市化过程中的建设用地、淡水资源消费情况，以及城市发展对生态环境的影响展开定量分析，计算出全国及各大区城市化水平每提高一个百分点所需增加的城市建设用地量、用水量，评估各区域的资源利用效益，并对中国城市化发展进行预测，计算出未来中国城市化所面临的资源环境保障压力，并提出了相应的对策建议；段汉明等（2004）对我国西北干旱地区城市发展与自然环境的关系进行了论述，认为城市化过程本质上就是人地关系的集中凸现，是自然要素与人文要素相互作用的结果；黄金川等（2003）对城市化与生态环境交互耦合的机制与规律进行了系统分析；刘耀彬等（2005）运用灰色关联分析法构建出区域城市化与生态环境交互作用的关联度模型和耦合度模型，定量揭示出中国省（自治区、直辖市）城市化与生态环境系统耦合的主要因素，并从时空角度分析了区域耦合度的空间分布及演变规律。宋超山等（2010）对西安市城市化与资源环境复合系统进行耦合度分析，结果表明城市化与资源环境耦合具有周期性与波动性的特点。

张雷等（2008）的相关研究关注到了现代城市的间接和诱发资源环境占用，以现代城市资源占用的行为特征为切入点，在国家、区域、省域和典型城市层面上分别探讨我国现代城市化进程的直接、间接和诱发资源占用的规模、结构特征及时空演变规律，并在此基础上，对未来城市资源环境占用的趋势、布局战略与对策进行分析与研究。研究结果表明，随着中国现代城市化进程的快速发展，城市水、土资源占用总量总体上呈逐渐增加的趋势，且直接占地<间接占地<诱发占地的"倒金字塔形"结构渐趋完善。

另有学者从社会经济的角度对城市化与资源环境的协调度进行了测算（李崇明等，2004；张晓东等，2001）；王传胜等（2005）运用多年气象观测资料和县域经济数据，采用空间统计学和 GIS 方法，以生态背景和人类综合作用强度作为链接"生态-经济"两大系统的指标，对我国西北地区进行生态经济区划，并对各种类型的生态经济区提出了促进人地关系协调发展的建议。

三、研究述评

学者们关于城市化与资源环境作用关系的丰富研究成果为本书的理论构建和实证研究提供了宝贵的资料和重要的指导。但是在以往的相关研究中，也存在着以下几个方面的不足。

1. 以城市的直接资源占用为主，忽视城市的溢出空间占用

在现有的研究成果中，无论是针对城市化与资源环境单要素，还是城市化与资源环境综合要素的作用关系的研究，都主要是指城市的直接资源环境占用，对城市发展所需的更广泛意义上的、发生在城市本身以外的资源环境占用，即间接和诱发的土地与淡水资源占用的研究很少。但是随着城市规模的扩大和城市职能的多元化，现代城市发展所需的资源在种类和数量上远远超过了其本身在表观上直接占用的资源，以间接和诱发的形式占用的溢出资源在城市物质能量支撑和保障中所占的比重越来越大、地位越来越重要。因此，仅研究城市的直接资源占用不足以准确表征城市发展与资源环境消费需求的关系。

2. 核算方法有待于进一步优化

当前也有一些研究关注到发生在城市本身以外的资源环境占用，其中最有影

响力的是对区域生态足迹的研究。生态足迹的核算方法存在以下几个主要缺陷，有待于进一步优化：①以全球土地的平均生产力为标准进行核算，模糊了不同自然环境和不同开发技术条件下土地生产力的差异，以致对研究对象资源消费情况的描述可能不准确，对具体区域的可持续发展问题的实际指导意义不强；②核算体系中既包含初级消费品，也包含最终消费品，使计算后所得的结论比实际资源环境占用偏大；③最终计算结果是以土地面积单位（m^2）为量纲，模糊了研究区域对不同类型资源环境要素（如能源、矿产、淡水等）的占用需求，不利于准确地把握区域的特异性，不便制订有针对性的区域可持续发展战略和政策（张雷，2008）。

3. 以现象研究为主，对发生机理缺乏系统分析

张淑敏（2009）和朱鹏（2009）等对我国城市化进程中的土地资源和淡水资源的占用特征进行了分析，其讨论范围虽然包括了城市的直接、间接和诱发资源占用，但是以现象研究为主，对城市化进程与土地、淡水资源占用的相互影响因素和作用机制缺乏系统和深入的研究，对不同规模和职能的城市在发展过程中的资源环境占用差异的相关研究也涉及得相对较少。

第二节　理论构建和指标核算

一、理论基础

（一）空间溢出理论

经济学将经济主体的行为对该主体以外的人或事物产生的影响称为溢出效应（spillovers effect）或外部效应（externality effect），是指一个组织在进行某项活动时，不仅会产生活动所预期的效果，而且会对组织之外的人或社会产生影响，主要包括知识溢出、资本溢出、人力资源溢出和技术溢出等。目前，空间溢出理论（spatial spillover theory）被广泛地应用于经济学、社会学和地理学，用来描述主体系统发展的外部性，并被认为是促进区域内部和区域间要素关联、提高区域整体发展效率的重要途径。

从本质上来说，空间溢出就是空间的流动和空间的漂移，一个空间载着自身的各种要素与另一个空间融合，从而实现"1＋1＞2"的叠加放大效应。纵观国内外关于溢出研究的发展脉络可以看出，大致遵循两条线索：一条是以企业、产业为研究单元，涉及行业内企业间的溢出，或者跨行业企业之间溢出，或者产业内和产业间溢出等；另一条是以地理空间为研究单元，自从空间因素被引入知识生产函数开始，溢出的研究单元才开始从企业层面转向地理区域层面，研究重心

也从个体间的溢出转移到区域与区域间的溢出，包括经济学和地理学在内的许多学科的学者从城市与区域层面对溢出进行了深入研究，主要涉及国家之间、一国内部各地区之间、产业集群之间或集群内部几个尺度。新经济地理学借用"溢出"这一概念来解释区域增长及区域之间的作用关系，目前主要应用于区域的创新型产业，如知识技术传播、文化旅游业等产业部门发展的外部空间效应分析。

空间溢出是空间相互作用的一种形式，在形式上表现为空间的扩散，作为空间扩散结果的空间溢出效应一直以来都是经济地理学和空间经济学研究者所关注的问题，因为该效应能将空间上彼此分离的地区结合成为具有一定结构和功能的空间体系。空间溢出是生产知识（技术）的单位无法独占该技术知识所带来的收益，是由某些特定区位上的企业（行业）产生的、影响与其有关联的其他企业生产过程的正的知识（技术）外部效应。本书在构建核心概念"基于空间溢出的城市资源环境基础"时借用了"溢出"这一表述，旨在强调研究对象不仅包括城市建设用地等实体用地，也包含发生在城市本身外部，但功能是为了保障城市基本农产品供应安全和环境安全所占用的资源环境要素。随着全球城市问题的日益突显，经济地理学、区域经济学等学科已经关注到城市与外部地域间空间溢出关系。诸多相关研究虽未用到"溢出"一词，但是绝大部分的农产品生产空间和城市环境污染的消解与缓冲空间均发生在城市外部，符合本书对溢出空间的定义，也为本书研究内容的设计和展开奠定了重要的科学基础。例如，"生态足迹""资源剥夺""生态或环境服务付费""生态补偿"、国际商品贸易背后的"虚拟土地"等概念均不同程度地揭示了城市发展的空间溢出现象，并试图从福利经济学的视角对非城市地域给予补偿。

（二）资源环境基础论

资源环境基础是一个复合性词汇，与人类社会的发展相对应，人类从原始走向文明的历史就是一部资源环境的利用与开发历史。根据地理学人地关系的基本观点，资源环境基础是指人类社会赖以生存和发展的一切物质来源，或可称为地球表层物质集合体。如果说，人类自身的天然群居习性是城市化发展的主观基础的话，那么存在于地球表层的自然资源与环境便是最终成就城市化的客观基础。现代科学技术的发展和进步，使人类开发利用资源环境的能力和效率都有了显著的提高，也使人类的生活方式发生了巨大的改变，但是无论现代技术如何发达，人类社会都不可能构筑在脱离区域资源环境基础的空中楼阁之上（张雷等，2006）。

资源环境基础是指一个国家或地区管辖范围内，保障现有人口生存及后代繁衍的自然资源和生态环境的开发状态与潜力。在古代时期，国家资源环境基础的要素组成相对单一，其基本模式可以表达为

古代国家资源环境基础的要素组成＝土地＋水源

　　因此，包括湖泊在内的河流流域便理所当然地成为国家起源及延续的最佳场所，人类古代文明大都发生和发育在大江大河流域。

　　进入现代社会以后，社会生产方式的变革引发了资源环境基础要素组成结构的相应变化：一方面，大规模的能源和矿产资源的开发与利用推动了资源消费结构的多元化发展；另一方面，工业化和城市化的快速推进极大地改变了原有的自然生态环境与物质能量循环方式。因此，现代国家资源环境基础的要素组成模式可以表达为

　　现代国家资源环境基础的要素组成 = 土地 + 水 + 矿产 + 能源 + 生态环境

　　从全球人地关系长期的发展过程看，从古至今国家资源环境基础的概念并未发生根本性的变化。所不同的是古代时期的概念更注重资源环境数量的多寡及扩大开发的可能，而现代时期的概念则更强调资源环境基础的内部平衡性与外部的协调性（图 2-4）。

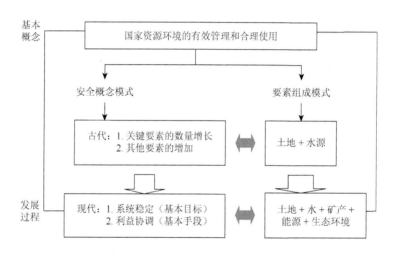

图 2-4　区域资源环境基础与演进过程

　　资源环境基础论（foundational theory of resources and environment）认为资源环境基础是人地关系研究的根本出发点。尽管人类社会已经跨入了现代化的门槛，技术、信息等要素在区域发展中起着重要的作用，但是作为地球生物的一种，人类生存与发展的第一需求依然是最大限度地获取物质消费的满足。发达国家的实践表明，随着人口和社会财富的快速增长，经济社会发展与资源环境的协调已经成为可持续发展的首要任务和基本目标。这种协调既是可持续发展理论的核心，也是人地关系研究的意义所在。作为世界上人类文明发育最早的国家之一，我国的实践再次表明，资源环境的空间格局始终是决定国家人口活动基本方向的基础所在。1935 年，胡焕庸先生在《地理学报》上发表论文《中国之人口分布》，提

出了著名的胡氏人口分布线。该线北起黑龙江省黑河，南抵云南省腾冲，其东部地区人口相对稠密，西部地区人口相对稀疏。经过近一个世纪的发展演变，"胡焕庸线"依然准确地表征着我国人口的空间分布差异，形成和保持这条人口空间分布差异基线的客观基础在于国家资源环境的空间组合特征。从人类文明的长期实践看，无论是自然因素还是人为因素，无论是宏观的还是微观的，一旦资源环境基础的稳定性遭到破坏，人类社会的正常生活秩序和发展步伐都会被打乱。对我国这样一个发展中国家来说，认识到资源环境的基础性作用尤为重要。资源环境要素综合评价和人地关系模式的分析结果表明，东部（偏南）地区始终是我国人口和经济活动的重心所在。

（三）城市生态系统理论

生态是指地球表层生命物质的生存、发展状态，演进环境及二者之间的相互关系。地球表层生命物质包括动物、植物、微生物及人类本身，而环境（environment）则指某一特定生物体或生物群体以外的空间，以及直接或间接影响该生物体或生物群体生存的一切事物的总和。生态的概念包含了生物、环境和二者之间的关系这三种要素，侧重于描述这三种要素之间的整体性质。生态农业、生态住宅和生态工业等一系列概念中的生态就是侧重强调相应系统的整体性和协调性。

生态系统理论是生态学的核心理论。生态系统是指各生态群落组成的空间复合体，其基本功能是维系整个群落正常的能量、物质交换和循环。由于所处生存和发育环境各不相同，各类生态系统内部的能量物质交换和循环方式也不尽相同。整体而言，目前地球表层存在两个能量交换和循环方式相左的生态系统：自然生态系统和人文生态系统。现代人类最为重要的居住地城市即为一个由自然生态系统和人文生态系统共同组成的、以陆生为主的复合生态系统（王如松等，1988）。城市生态系统的概念为：以人群（居民）为核心，包括其他生物（动物、植物、微生物等）和周围自然环境及人工环境相互作用的系统。

1. 城市生态系统是以人为核心的人工生态系统

城市生态系统的核心特点是其生命系统的主体是人类（人是次级生产者与消费者），而不是各种植物、动物和微生物。城市生态系统是受人类活动干扰最强烈的地区，城市居民为了生产、生活等需要，在自然环境的基础上，通过大量的建筑物、交通、通信、给排水、医疗、文教和体育等城市基础设施建设将城市环境进行了人工化的改造。随着城市规模的逐渐扩大和城市职能的日趋多元化，城市生态系统以人为本的特点越来越鲜明，人工环境的主导成分越来越明显，从而极大地干扰乃至改变了包括阳光、空气、水、土地、地形地貌、地质、气候等在内的自然环境特征和基本能量交换方式。

2. 城市生态系统是生产者缺位、消费者占优势的生态系统

从生物量的角度来看，城市生态系统中消费者的生物量远超过第一性生产者生物量，呈现出"倒金字塔形"的结构。城市所需求的大部分能量与物质需要从外部生态系统人为地输入，对外部资源具有极大的依赖性。例如，依靠农田生态系统输入粮食、蔬菜，依靠草原生态系统输入肉、奶，依靠矿山生态系统输入原料、燃料等。

3. 城市生态系统是一种分解功能不充分的生态系统

与自然生态系统能量转换的多样性和自我循环特征相比，城市生态系统的能量转换是线状而非环状循环。由于缺乏适宜分解者生存并发挥其功能的环境，城市生态系统内部经过生产消费和生活消费所排出的大量废弃物不得不输送到外部系统中去消耗与分解。

4. 城市生态系统是受社会经济多种因素制约的生态系统

作为城市生态系统核心的人，既有作为"生物人"的一面，也有作为"社会人""经济人"的一面。从前者看，人类的许多活动是服从生物学规律的；但从后者看，人类的行为准则是由社会生产力和生产关系及与之相联系的上层建筑所决定的。因此，城市生态系统会受社会经济多种因素的制约。

城市生态系统的上述特点决定了城市是一个不闭合、不完整、不稳定、缺乏自我调节和自我维持能力的脆弱生态系统。一旦外界停止向城市提供生产资料和生活资料，城市正常运行将难以维持；一旦城市自身排放的污染物质超过了环境容量，便会造成城市生态环境的恶化。

（四）资源环境的可贸易性理论

1. 资源环境贸易概述

资源是指一国或一定区域拥有的物力、财力、人力和文化等各种物质与非物质要素的总称，可以分为自然资源和社会资源两大类。资源环境要素的可贸易性理论（tradable theory of resources and environment）所指的资源环境要素主要指耕地、森林、草原、淡水、生物和矿物等自然物质资源。资源贸易是指以直接或间接的方式，将资源要素作为对象进行交换的商业行为。在古代社会，受限于认识和改造自然的能力，人类只能利用本土或者附近有限范围内的自然资源进行生产和生活。随着现代生产能力的大幅度提高和交通运输条件的显著改善，世界经济一体化进程大大加快，资源要素以贸易的形式在区域之间和国家之间的流通变得日趋频繁与规模化。现代社会的资源贸易可以划分为两种类型：一种是直接将资源要素作为交换的对象，如国际原油贸易等；另一种是隐藏在实体货物或服务交换背后的资源贸易，如国际粮食贸易隐藏的土地和淡水资源交易（"虚拟水"，virtual water）、国际工业产品贸易隐藏的能源交易（"虚拟碳"，virtual carbon）和环境交易等。也就是说，从广义上讲，所有的贸易都是资源环境贸易。

　　2. 资源环境贸易的积极意义和消极影响

　　资源环境要素的可贸易性在一定程度上打破了自然界的水、土、热、能等资源原始分布的空间不均衡特征，使资源要素在全球范围内有了多次分配，并最终达到效益最大化的可能。纵观近200年世界经济的发展历程，国际贸易在促进资源要素流通、优化资源配置、提高资源利用效率、增强技术交流和加快财富积累等方面起了巨大的作用。对于发展中国家和地区来说，国际贸易对其增加外汇储备、扩大就业、吸收和引进世界先进技术成果、提高本国的生产制造水平具有重要的积极意义。

　　但是在贸易自由化背景下，发达国家和地区占据着资金、技术和发展经验的优势，此时的国际贸易在给发展中国家带来外汇等经济效益的同时，不可避免地引发了一系列资源环境的消极影响：①资源掠夺（resource exploitation）问题。第二次世界大战以后，西方国家对本土资源的开采利用多实施保护政策，经济发展所需优质资源尤其是非再生矿产资源和能源资源绝大部分从发展中国家廉价进口。根据有关研究，拉丁美洲各国早期工业化的资金基本都是依靠出口资源获得的。例如，1955年拉丁美洲地区的出口总值中，农业和矿业初级产品的出口额及燃料的出口额占其出口总额的96.9%。即使是现在，拉丁美洲大多数国家，尤其是一些小国仍然主要依靠出口农业和矿业初级产品来获得外汇。②污染转移（pollution transfer）问题。发达国家或地区以贸易形式展开的环境污染转移可以细分为两种形式：一种是直接输出污染物，20世纪70年代以来，发达国家基于雄厚经济实力下对环境质量要求的提高或者对环境保护的重视，制定了越来越严格的环境标准和法规。为逃避高昂的废物处理费用或者出于成本对竞争力影响的考虑，一些部门和企业将生活垃圾、工业废渣及放射性核废料等污染物直接或假借正常货物的名义输出到发展中国家，使发展中国家的生态环境和公众健康受到直接或潜在的危害。例如，全球平均每小时产生4000t电子垃圾，其中80%出口亚洲，这其中又有90%进入我国。另一种是比较隐蔽的污染环境转移方式，是以污染密集型产业跨区转移的方式实现的。经济全球化使西方发达国家的产业结构得到了较大调整，一些发达国家一方面在国内积极调整产业结构和产品结构，大力发展高科技、高附加值新兴产业；另一方面通过国际经济合作、国际投资或跨国公司经营的途径，将一些高能耗、高物耗、高污染和劳动密集型的夕阳产业转移到发展中国家，直接掠夺那里的土地、劳动力、能源矿产、洁净的空气和水源，从而实现环境污染的转移。例如，欧洲联盟（简称欧盟）国家因其内部农业环境要求高，连牲畜的养殖头数都有限定，政府甚至采取补贴的办法鼓励畜牧业公司把养殖场和屠宰厂迁到发展中国家。夏友富（2000）根据 1995 年第三次工业普查资料所进行的研究发现，外商在我国投资建设的污染密集型企业（pollution-intensive industries）有 16 998 家，总产值为 4153 亿元，从业人数 295.5 万人，占三资企业（中外合资经营企业、中外合作经营企业、外商独资经营企业）相应指标的 30% 左右，说明污染密集型产业是我国外商投资的重要领域。

（五）可持续发展理论

可持续发展理论（sustainable development theory）是 20 世纪后期在总结人类社会发展的成功经验和失败教训的基础上形成的，旨在促进人类与自然界和谐发展。1972 年，联合国在瑞典首都斯德哥尔摩召开的人类环境会议上首次提出了可持续发展的思想。1980 年，国际自然资源保护联合会（International Union for Conservation of Nature，IUCN）、联合国环境规划署（United Nations Environment Programme，UNEP）和世界野生动植物基金会（1986 年改名为世界自然基金会）共同发表了《世界自然保护大纲》，对可持续发展思想给予了系统阐述，强调人类对生物圈的管理，"使生物圈既能满足当代人的最大持续利益，又能保持满足后代人需求与欲望的能力"。1987 年，在《我们共同的未来》这一报告中对可持续发展的内涵做了界定和详尽的理论阐述："可持续发展是指既满足当代的需要，又不对后代满足其需要构成威胁的发展"。此后，可持续发展研究迅速进入高潮并且渗透到各个学科领域。1992 年，联合国环境与发展大会通过《里约环境与发展宣言》和《21 世纪议程》，确立可持续发展作为人类社会发展的新战略，把可持续发展由理论和概念推向了实践。

可持续发展的核心理念紧密地围绕着两条主线：一是努力把握人与自然之间关系的平衡；二是努力实现人与人之间关系的和谐。基本原则有三个：一是生态可持续性原则，可持续发展要求经济的发展要与自然和环境的承载能力相协调，发展的同时必须保护和改善生态环境，保证以持续的方式使用自然资源，使人类的发展控制在地球承载能力之内，否则其后果将危及人类生存条件；二是经济可持续性原则，经济增长应当体现公平与效率的统一，实现有效率的公平和有公平的效率，不仅要重视经济增长的数量，更要关注经济发展的质量，经济增长必须计算环境成本，力求以最小的环境代价取得最大的经济效益；三是社会可持续性原则，无论任何社会，人们从事经济活动和环境保护，归根结底是为了提高人的生活质量和改善人的生存环境，这也是经济发展与环境保护的统一性所在。可持续发展要求建立具有高度物质文明和精神文明的社会，清洁生产、文明消费，使"自然-经济-社会"复合系统良性循环。可见，可持续发展既不单指经济发展，也不单指生态保护，而是指以人为中心的"自然-经济-社会"复合系统的协调发展。

目前可持续发展的概念有上百种，但是其理论和方法尚不能恰当地反映与解释可持续发展理论的全部内涵及其所面临的对象，可见该理论的极大复杂性及其研究的任重道远。可持续发展的研究内容庞杂，当前该领域的研究和应用主要体现在以下六个方面：①对可持续发展的概念、内涵及意义的认识和宣传；②人口、资源、环境与经济发展的相互作用和关联关系的研究；③可持续发展指标体系的研究；④区域可持续发展战略的制定；⑤与可持续发展有关的经济手段、法律法规及公众教育和培训等；⑥跨地区、跨国家的可持续发展专项研究等，而可持续发展评价理论与方法是这些研究领域的基础。

二、理论构建

（一）现代城市化与整体城市化

1. 现代城市化

城市化是一种社会进化现象，是指农业人口及土地逐步向非农业的城市地域转化和集中的一种极为复杂的社会与经济过程。地理学认为，城市化过程为第二、第三产业在具备特定地理条件的地域空间集聚，并在此基础上形成消费用地、多种经济用地和生活空间用地集聚的过程。同人类其他文明一样，城市化自身也有其发生和发展的历史过程。迄今为止，城市化大体经历了古代和现代两个基本发育阶段，始于18世纪中期的工业革命带来了人类生产方式和生活方式的根本性变革，成为这两个阶段的分水岭。现代城市化与古代城市化的差异主要表现在以下两个方面（图2-5）。

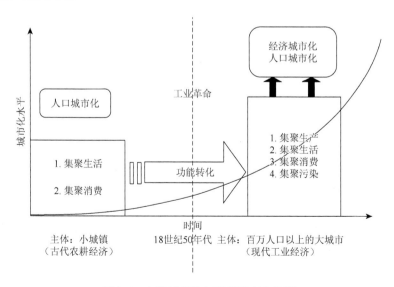

图 2-5　古代城市化与现代城市化比较

　　首先，古代城市化以人口向城市地区集聚为主，现代城市化则是经济活动和人口向城市地区的双重集聚。这主要是由古代城市与现代城市的职能差异造成的。古代城市的职能集中体现为集聚生活和集聚消费，生产职能主要由广大的乡村地区来承担。而伴随着工业化兴起的现代城市承担了承载大规模工业生产的任务，从而使现代城市具备了集聚生产、集聚生活、集聚消费和集聚污染的多元化职能。目前流行的城市化概念，即源自人口学的城市化概念（城市化是指农村人口转变为城市人口的过程，人口通过城市数量的增加和城市人口数量的增加由乡村向城市集中），也表明了古代城市化与现代城市化的共性特征。

　　其次，现代城市化和古代城市化的显著区别还表现在城市化的主体上。在农耕经济时代，人类开发自然的能力有限，尤其是农业经济靠天吃饭的不稳定性，使人类社会无法持续支撑大城市的长久存在和发展，小城市的财富积累是支撑整个国家或地区城市经济发展的主要力量；而在规模化的工业经济时期，现代城市化的主体是百万人口以上的大城市。大城市以其强烈的极化效应、规模效应和辐射能力，成为区域乃至整个国家经济社会发展和财富积累的龙头。

　　2. 整体城市化

　　通过对古代城市化和现代城市化的对比分析可知，现代城市化是一个人类社会活动及生产要素从农村地区向城市地区转移的过程。这种过程不仅是单纯的农村人口向城市人口的转变，还包括资金、生产、技术、文化、生活方式和思想观念等各种要素的变化、转移。因此，本书认为传统研究单纯使用人口城市化率来表征城市化水平的度量标准有失偏颇。考虑到数据的可得性，本书用经济城市化（economic urbanization，EU）和人口城市化（population urbanization，PU）的综合指标，即整体城市化（integrated urbanization，IU）水平来表述现代城市化的发育状态。

　　（二）城市的资源环境基础

　　1. 资源环境基础的概念

　　通过本章的研究综述可知，随着城市化的发展，城市的主要功能由古代"集聚生活＋集聚消费"的两大功能，逐渐向现代的"集聚生产＋集聚生活＋集聚消费＋集聚污染"的四大功能发展演变，而且生产功能和污染功能有不断强化的趋势。城市对各种资源环境要素的消费形式和规模与城市功能息息相关，资源的消耗是为了支持这些城市功能的实现。为了适应城市功能的多元化发展，现代城市对土地、淡水和能源等资源环境要素的需求量不断增大，内涵不断扩展，保障要求日益提高（图2-6）。

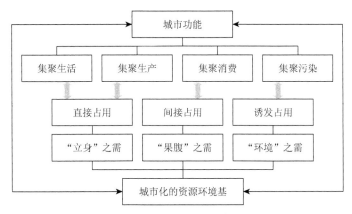

图 2-6　现代城市功能与城市化的资源环境基础

　　因此，本书以城市功能转变为切入点，从城市生存和发展对资源环境要素的消费需求出发，在空间溢出理论的支撑下，构建了城市的"资源环境基础"概念，来研究城市与资源环境的关系。具体来说，城市的资源环境基础是指城市为满足自身生存和发展的需要，以直接、间接和诱发的形式对城市本身及城市以外的水、土、能、矿等自然资源环境要素的占用情况。之所以称为城市的"资源环境基础"，一是取"生态"的概念中侧重研究生物与环境之间的相互关系、促进二者协调发展之意；二是取"埋墙基为基，立柱墩为础"之意，认为基础是事物生存和发展的立身之本。"资源环境基础"与生态足迹理论在思想上有相似之处，但是在指标选择和核算方法上存在差异，在一定程度上弥补了生态足迹理论和方法的不足。具体来说，城市的资源环境基础涵盖了自然界的淡水资源、耕地资源、森林资源、草场资源、能源资源和矿产资源六种资源要素（图 2-7）。依据对城市发育的保障功能和方式，城市的水、土资源占用还可以细分为直接占用、间接占用和诱发占用三大类型。其中，直接占用是指发生在城市本身的水、土资源占用，间接占用是指发生在城市以外的、用以满足城市居民食品需求的水、土资源占用，诱发占用是指用以消解城市排放的污染物质的水、土资源占用，也发生在城市以外（图 2-8）。城市对这六大类资源的占用强度和结构表征了人类在追求财富高效积累的过程中所需求的资源环境整体的演进状态。受限于生产方式和技术水平，古代城市主要是建立在淡水资源、耕地资源、森林资源和草场资源四种水、土类资源开发的基础上，而现代城市则是建立在以能源资源和矿产资源的大规模开发为主导的水、土、能、矿资源全面开发的基础之上。

　　本书书名所用的"城市化的资源环境基础"是指在城市化的过程中，城市占用的各类资源要素（即资源环境基础）的综合演变情况，是一个过程量。限于时间、资料等，本书对城市化消费的金属和非金属等矿产资源的情况暂时未做详细分析。

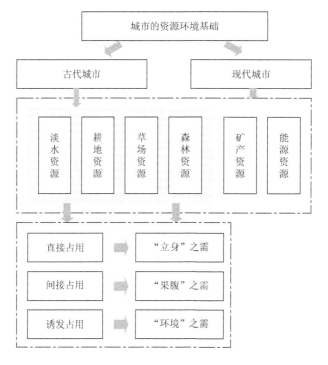

图 2-7　城市资源环境基础的概念及要素构成

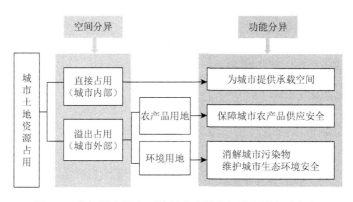

图 2-8　空间溢出视角下的城市土地资源占用的概念框架

2. 空间溢出视角下的"资源环境基础"内涵

考虑到各类资源环境要素对城市生存和发展的作用方式与强度，在空间溢出的视角下，本书构建的城市"资源环境基础"包涵了对城市影响最为显著的六大类资源环境要素，即耕地资源、森林资源、草场资源、淡水资源、能源资源和矿产资源，并依据资源环境要素对城市发育的保障功能和方式，将城市所需的水、土资源细分为直接占用、间接占用和诱发占用三个层次，具体划分思想如下。

（1）直接水、土资源占用（direct water/land-resources consumption）。城市的直接水、土资源占用是指城市在空间扩展过程中的在水、土资源环境表观上的占用程度和总体状态，为满足"立身"之需的水、土资源量。这部分占用量来自于城市生态系统本身。具体来说，土地资源直接占用量是指城市发育和成长直接占用或消费的土地资源，是由居民用地、工业用地、公共设施用地、仓储用地、对外交通用地、道路广场用地、市政公用设施用地、绿地、特殊用地等组成的城市建成区面积；淡水资源的直接占用量包括城市生活用水、工业用水及生态环境用水等。

（2）间接水、土资源占用（indirect water/land-resources consumption）。城市的间接水、土资源占用是指维系和满足城市生存、发育必需的农副产品消费所产生的资源环境占用，为满足"果腹"之需的水、土资源占用量。通常情况下，当城市消费的农副产品不是产自于城市建成区之内，就会产生间接的水、土资源占用。具体来说，城市的土地资源间接占用量是指满足城市发育和成长的基本农副产品消费所占用的土地资源。城市是集聚消费的中心，其最基本、最刚性的日常生活农副产品的消费需求大部分依靠城市近郊区和农村地区的生产活动来满足的。因此，考虑到数据的可得性，本书选取粮食、蔬菜、食用植物油、猪肉、牛羊肉、禽蛋、禽肉和水果八类城市居民日常消费的主要农副产品，依据某类农副产品的消费量和对应的产出效率计算出生产该类农副产品所需要的土地资源，各类农副产品的占地量之和即为城市的间接土地资源占用量；淡水资源的间接占用量是指生产城市居民日常生活所消费的各种农副产品所需的淡水量，本书采用"虚拟水"的概念和计算方法进行核算。"虚拟水"是国外20世纪90年代出现的概念，是指生产产品和服务所需要的水资源。例如，生产1t小麦需要耗费1000t的水资源，1t玉米需要耗费接近1200t的水资源，1t稻米需要耗费2000t的水资源。

（3）诱发水、土资源占用（induced water/land-resources consumption）。城市的诱发水、土资源占用是指用以维系城市发育的空气质量（呼吸）和水源地（饮水）安全等环境功能的资源环境占用。具体说来，城市的土地资源诱发占用是指用来保障城市环境质量稳定，特别是大气和淡水环境质量的基本用地。通常，这种保障城市正常"呼吸"和"饮水"的基本用地是以林地为主的"绿地"方式来体现，这部分用地来自于自然生态系统。考虑到核算方法的可操作性和数据的可得性，本书将城市的碳排放总量除以单位面积林地的碳吸收能力，计算出吸收城市碳排放量所需要的林地面积作为城市的诱发占地量。淡水资源的诱发占用量核算也分为两步，首先计算出吸收城市碳排放所需要的林地面积，其次计算出这部分林地所需要的淡水资源量，即为城市的诱发用水量。

三、指标核算

（一）城市化相关指标的核算

城市化现象涉及的要素范围广，要素间的关系也非常复杂，在定量测度时难度较大。综合以往研究，目前的城市化定量测度方法主要有两种：主要指标法和复合指标法。其中，主要指标法常用的是人口指标和土地利用指标。复合指标法是选用多种指标对城市化水平进行综合测度。鉴于本书研究的时间尺度较长，统计数据和口径的一致性难以保证，因此选取对城市化表征意义最强，也便于统计的人口比例指标和经济指标作为城市化的定量测度指标。

1. 人口城市化

人口城市化是指农村人口转变成城市人口的过程。人口城市化水平采用城市人口或非农业人口占总人口的比重来衡量。现有大多数涉及城市化水平的研究中，多是采用人口城市化进行表征。这种方法的好处是表征性强，便于统计和比较，在单一指标法中具有较高的准确性。人口城市化率的计算公式为

$$PU = P_u / P_t \times 100\% \qquad (2\text{-}5)$$

式中，PU 为人口城市化率；P_u 为城市常住人口规模；P_t 为国家或地区人口总规模。

在我国的统计口径中，城市人口是指居住在城市范围内的全部常住人口，农村人口是指除上述人口以外的全部人口。但是关于城市常住人口在 2000 年以后才有统计，2000 年之前的均为户籍口径上的城市人口。本书将 1978 年以前的户籍城市人口作为城市常住人口，因为 1978 年以前我国的人口流动性较弱。1978～2000 年的城市常住人口是根据人口普查及人口变动情况抽样调查进行的推算数。

2. 经济城市化

经济城市化是指各种非农产业发展的经济要素向城市集聚的过程。经济城市化是城市化的一个重要方面，但是长期以来，受传统城市化概念的束缚和相关资料搜集的困扰，经济城市化的研究没有得到相应的重视。经济城市化率是指城市经济产出占国家或地区经济产出总量的比重，计算公式为

$$EU = E_u / E_t \times 100\% \qquad (2\text{-}6)$$

式中，EU 为经济城市化发育水平；E_u 为城市经济产出；E_t 为国家或地区经济产出总量。

3. 整体城市化

从城市化的内涵出发，考虑到数据的可得性，本书采用人口城市化和经济城市化的综合指标——整体城市化来衡量现代城市化的发育状态，既便于操作，也避免了用单一人口指标来表征城市化率的片面性（张雷，2008）。整体城市化率的计算公式为

$$IU_{\bar{y}} = \sqrt{PU \cdot EU} \qquad (2-7)$$

式中，$IU_{\bar{y}}$ 为国家或地区城市化的整体发育水平，其中，$\bar{y}$ 为几何平均值；EU 为经济城市化发育水平；PU 为人口城市化发育水平。

（二）城市资源环境基础的相关指标核算

1. 城市的土地资源占用

城市土地资源占用（land-resource consumption，LC）由直接用地（DLC）、间接用地（I_1LC）和诱发用地（I_2LC）三部分组成，即

$$LC = \sum (DLC, I_1LC, I_2LC) \qquad (2-8)$$

（1）直接用地（direct land-resource consumption，DLC）。我国城市统计中，表示一个城市的土地面积有两种指标，即城市建成区土地面积和城市市区土地面积。城市建成区是指城市政区范围内经过征用的土地和实际建设发展起来的非农业的生产建设地段，包括市区集中连片的部分及分散在近邻区与城市有着紧密联系、具有基本完善的市政公用设施的城市建设用地，如机场、污水处理厂和通信电台。城市市区则包括城区和郊区，市区范围要比城市建成区大得多。因此，城市建成区更接近于城市的实体区域。此外，考虑到现代城市化是一个体系，每个城市不是独立存在，而是与其他城市通过各种流（物质流、信息流等）相互联系成为一个整体，城市之间的这种联系在地域空间上最直观的表现就是对外交通用地，因此本书以城市建成区面积与对外交通用地面积之和来表征我国的城市直接用地，公式为

$$DLC = \sum (BA_c, BA_t, TL) \qquad (2-9)$$

式中，DLC 为城市直接用地总量；BA_c 为城市建成区面积；BA_t 为建制镇建成区面积；TL 为对外交通用地面积。相关数据可以在住房和城乡建设部计划财务与外事司编撰的《中国城市建设统计年鉴》《中国城乡建设统计年鉴》与国家统计局农村社会经济调查司编撰的《中国建制镇基本情况统计资料》中获取。

（2）间接用地（indirect land-resource consumption，I_1LC）。通常，城市居民日常生活所消费的各类农副产品的数据可以在有关的城市统计资料中获取。但是，

生产这些产品的土地占用量很难从现有统计资料中直接获取。因此，本书从相关统计年鉴所列出的城市居民家庭平均每人全年消费的主要农副产品中，选取粮食、蔬菜、食用植物油、猪肉、牛羊肉、禽蛋、禽肉和水果水产品八类，将某类农副产品的消费量除以单位对应产品的占地量，其结果即为该类农副产品的占地量，再将各类农副产品的占地量进行求和，即可得到城市的间接用地总量，计算公式为

$$I_1LC = \sum_{i=8} C_i \times P \times \alpha_i \qquad (2\text{-}10)$$

式中，I_1LC 为城市的间接占地总量；i 为某种农副产品；C_i 为城市居民人均年消费的第 i 种农副产品量；P 为城市总人口；α_i 为单位第 i 种农副产品的占地量。

（3）诱发用地（induced land-resource consumption，I_2LC）。本书采用吸收城市每年碳排放总量所需的森林面积来表征城市化诱发占用的土地资源。计算公式为

$$I_2LC = C / \beta \qquad (2\text{-}11)$$

式中，I_2LC 为城市化诱发占用的土地资源；C 为城市每年的碳排放总量；β 为陆地森林平均碳密度。

2. 城市的淡水资源占用

城市的淡水资源占用（water-resource consumption）由直接用水、间接用水和诱发用水三部分组成。

（1）直接用水（direct water-resource consumption，DWC）。直接用水是指城市工业用水、城市生活用水和城市生态环境用水三类用水之和，此处的城市生态环境用水是指通过人为措施供给的城市环境用水和部分河湖、湿地补水。计算公式为

$$DWC = \sum (IWC, LWC, EWC) \qquad (2\text{-}12)$$

式中，DWC 为城市直接用水总量；IWC 为工业用水；LWC 为城市生活用水；EWC 为城市生态环境用水。1997～2007 年的城市用水数据可以从中华人民共和国水利部编撰的《中国水资源公报》（1997～2007 年）中获取。例如，依据《2007 年中国水资源公报》，2007 年我国的总用水量为 5819 亿 m^3，其中生活用水占 12.2%，工业用水占 24.1%，农业用水占 61.9%，生态与环境补水占 1.8%。1997 年之前的用水量数据可依据水利水电部水文局编撰的《中国水资源评价》、水利部南京水文水资源研究所和中国水利水电科学研究院水资源研究所编撰的《21 世纪中国水供求》，以及《中国 21 世纪水问题方略》等资料整理得出。

（2）间接用水（indirect water-resource consumption，IWC）。城市间接用水是指生产城市居民日常生活所消费的各种农副产品所需的淡水量，本书采用"虚拟水"（virtual water，VW）的概念和计算方法进行核算。虚拟水是国外

20 世纪 90 年代出现的概念，是指生产产品和服务所需要的水资源。例如，生产 1t 小麦需要耗费 1000t 的水资源，生产 1t 玉米需要耗费接近 1200t 的水资源。本书采用 Zimmer 等（2003）基于对不同产品类型进行区分的方法进行计算，具体步骤如下。

首先，将某种参考作物的单位面积需水量（ET_0）乘以作物系数 k，得到该作物的单位面积需水量（CWR）。公式为

$$CWR = ET_0 \times k \tag{2-13}$$

采用联合国粮食及农业组织（Food and Agriculture Organization of the United Nations，UNFAO）推荐的作物系数，并依据《中国主要作物需水量与灌溉》对研究区域单位面积需水量（CWR）进行调整。

其次，将作物的单位面积需水量（CWR）除以对应农产品的单位面积产量（UP），其结果即为该农产品单位产量的"虚拟水"（VW），单位为 m^3/kg。公式为

$$VW = \frac{CWR}{UP} \tag{2-14}$$

再次，将研究区域城市居民消费的某种农产品量（P）乘以该农产品单位产量的"虚拟水"（VW），即为该区域消费的该类农产品蕴含的"虚拟水"总量（TVW），公式为

$$TVW = VW \times P \tag{2-15}$$

最后，将研究区域城市居民消费的各种农产品蕴含的虚拟水进行求和，即为城市居民农副产品消费蕴含的"虚拟水"总量。公式为

$$I_1WC = \sum_{i=n} TVW_i \tag{2-16}$$

其中，i 为农副产品类消费品的种类，包括粮食、蔬菜和水果等。

（3）诱发用水（induced water-resource consumption，IWC）。城市诱发用水的计算分为两步：首先，计算出吸收城市碳排放所需的林地面积，其次计算出这部分林地所需的淡水资源量，即为城市的诱发用水量。公式为

$$I_2WC = \frac{T_c}{C_d} \tag{2-17}$$

式中，I_2WC 为城市的诱发用水总量；T_c 为城市的碳排放总量；C_d 为研究区域单位面积森林的碳吸收量。

3. 城市的能源资源占用

城市的能源资源占用（energy resource consumption）是指城市在生产和生活过程中所消费的一次能源资源量（不含水电），具体包括煤炭、石油和天然气资源

消费量。各省份和城市的能源资源消费量可以在《中国能源统计年鉴》和相应的区域统计年鉴中直接获取。

四、数据来源与技术路线

（一）数据来源

除大量实地调查数据外，本书的数据源主要包含以下三个方面（表 2-2）。

（1）国民经济类数据。其包括历年中国统计年鉴、《新中国六十年统计资料汇编》、历年中国工业经济统计年鉴、历年陕西统计年鉴、历年陕西年鉴、历年西安统计年鉴和历年西安年鉴等。

（2）资源类数据。其包括土地数据、水资源数据和能源数据，主要来自陕西省土地利用现状年度变更调查数据、陕西省土地详查数据、《中国城市建设统计年鉴》《中国城乡建设统计年鉴》《中国建制镇基本情况统计资料》《中国水资源公报》《陕西水资源公报》《中国能源统计年鉴》等。

（3）地图类数据。其主要来自国家基础地理信息中心网站。

表 2-2　主要数据来源

数据源	主要资料来源
国民经济类数据	历年中国统计年鉴、《新中国六十年统计资料汇编》、历年中国工业经济统计年鉴、历年陕西统计年鉴、历年陕西年鉴、历年西安统计年鉴、历年西安年鉴等
资源类数据	陕西省土地利用现状年度变更调查数据、陕西省土地详查数据、《中国城市建设统计年鉴》《中国城乡建设统计年鉴》《中国建制镇基本情况统计资料》《中国水资源公报》《陕西水资源公报》《中国能源统计年鉴》等
地图类数据	国家基础地理信息中心网站

（二）技术路线

根据研究内容和研究目标，采用如下技术路线（图 2-9）。

（1）研究综述。包括国内外城镇化相关文献的研究综述、国内外城镇化与区域资源环境的作用关系和规律的研究综述。

（2）概念辨析与理论集成。在文献综述的基础上对相关重要概念进行辨析和厘清，对构建本书的基本思想进行理论集成。

（3）实地考察，开展资料集成和数理分析等实证分析。首先，依据自然资源禀赋、生态环境和人文经济特征的差异，针对陕北、关中和陕南三大区域，在各区域内选择典型城市。然后，分别在省域尺度和典型城市尺度下，对陕西省城镇化进程中的生态基础演变过程进行实证分析。

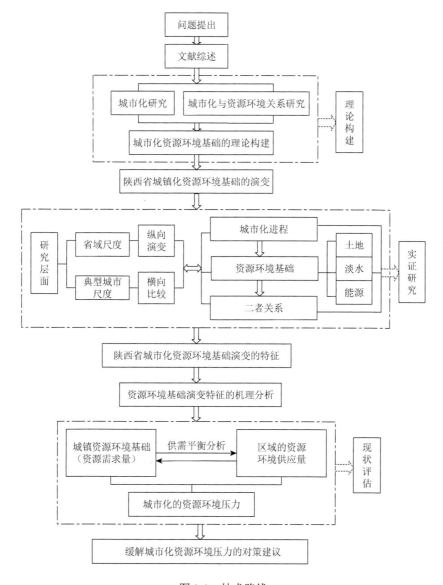

图 2-9　技术路线

（4）特征总结与机理分析。运用定量分析与定性分析相结合、系统分析与比较分析相结合的方法对陕西省城镇化生态基础的演变特征进行总结，并分析其发生机理。

（5）现状评估。将维持研究对象生存和发展所需要的生态基础，与其自身能够实际供给的资源量进行供需平衡分析，以评估研究对象当前所面临的资源环境压力，并采用逼近理想解排序法（technique for order preference by similarity to an ideal solution，TOPSIS）对陕西省城市"资源-环境"系统的脆弱性进行评价。

（6）对策建议。依据实证分析、机理研究和现状评估的结果，分别从省域尺度和典型城市尺度两个层面，对缓解城镇化的资源环境压力、协调城镇化进程与生态基础的关系提出对策建议和调控措施。

本 章 小 结

本章主要阐述了与本书研究内容密切相关的研究综述，并在文献综述的基础上，论述了本书的理论构建、研究内容、拟解决的问题和技术路线。首先，对以往城市化与水、土和能源等资源环境要素的作用规律的研究进行综述，并重点阐述近年来对城市化与资源环境的相互作用关系领域影响较大的生态足迹、资源环境承载力和城市"三生"空间三项研究，指出以往研究中存在的不足，如忽视发生在城市实体外部的溢出资源环境占用、对资源环境要素组合的综合性重视不足和缺乏机理研究等。其次，介绍了本书研究的主要理论基础，包括空间溢出理论、资源环境基础论、城市生态系统理论和可持续发展理论等。最后，阐述了本书构建的核心概念，即城市"资源环境基础"的内涵和主要指标的核算方法。

第三章　古代关中地区的城市兴衰及资源环境驱动力

第一节　古代关中地区的城市兴衰

陕西省所在区域是中华文明的重要发源地，在农耕文明时代就有城市系统发育，城市化历史悠久。两千多年来，该区域的资源环境条件和城市发育状况发生了巨大的变化。本章将着重探讨自奴隶制王朝西周建立，至唐朝灭亡这段历史时期（公元前 1046～907 年），关中地区的城市兴衰历史及其资源环境驱动力，旨在探讨在人类改造自然的能力相对较弱的古代时期，城市发育与资源环境之间的关系。

关中地区是指陕西省秦岭北麓渭河冲积平原（渭河流域一带），平均海拔约为 500m，又称渭河平原、渭河谷地、关中盆地和关中平原，其北部为陕北黄土高原，南部为陕南盆地、秦巴山脉。关中之名，始于战国时期，一般认为西有散关（大散关），东有函谷关，南有武关，北有萧关，取意四关之中（后增东方的潼关和北方的金锁关两座）。四方的关隘，加上陕北高原和秦岭两道天然屏障，使关中成为自古以来的兵家必争之地。古人习惯上将函谷关以西地区称为关中。

古代关中地区气候温暖湿润、平原广布、河流纵横、土壤肥沃、物产丰富、交通便捷，早在夏商时期就有城市发育，并成为我国历代王朝建都历史最长的区域，具有悠久的城市发展历史。我国历史上的统一时期，在关中盆地长安地区建都的朝代先后有西周、秦、西汉、新莽、东汉（献帝初）、西晋、隋和唐。作为十三朝古都的长安，在汉、唐鼎盛时期是当时世界上规模最宏大、经济最繁荣、文化最发达的都市之一，堪称东方文明的代表城市。在唐宋之际，长安和整个关中地区逐渐走向衰落，中国的政治、经济中心开始在"长安—洛阳—开封"一线沿黄河徘徊式移动，至南宋时国家都城迁移到了位于长江下游平原的临安（今杭州）。此后，关中地区一直远离中国的政治和经济中心，长期处于缓慢发展的状态（图 3-1）。

西周至宋代2000多年里，关中地区城市发展的具体情况如下（表 3-1 和图 3-2）。

周人的祖先始于后稷，起源于关中，早周时期曾先后以邰、豳、歧、程、丰五处为都。西周以丰镐为都城，位于今陕西西安西南方向，具体在长安区斗门镇沣河两岸。东周以洛邑为都城，位于今洛阳市王城公园一带。周朝以来对丰京、

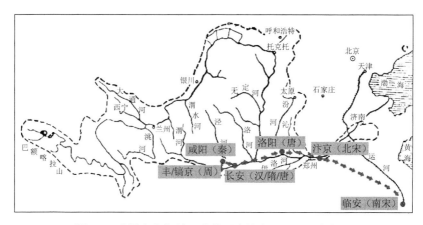

图 3-1　我国古代都城迁移的历史轨迹（西周—南宋）

表 3-1　西周至宋代我国主要王朝都城及人口规模（公元前 1046～公元 1279 年）

朝代	起止年代	都城名称	都城遗址位置	历时/年	朝代人口/万人
西周	公元前 1046～公元前 771 年	丰京	长安区斗门镇马王村之北沣河西岸	276	1 000
	公元前 1046～公元前 771 年	镐京	长安区斗门镇花园村西眉坞岭一带	276	
东周	公元前 770～公元前 476 年	洛邑	洛阳市王城公园一带	295	2 150
秦朝	公元前 221～公元前 206 年	咸阳	咸阳市东窑店镇东北约 1.8km	16	2 028
西汉	公元前 202～公元前 200 年	栎阳	西安市阎良区武屯乡西党村东南约 1.4km	2	6 670
	公元前 200～公元 8 年	长安	渭河下游南岸西安市西北汉城乡一带	208	
新莽	公元 9～公元 24 年	长安	渭河下游南岸西安市西北汉城乡一带	15	—
东汉	公元 25～公元 190 年	洛阳	洛阳白马寺附近洛河岸边	165	—
	公元 190～公元 195 年	长安	洛阳白马寺附近洛河岸边	6	7 303
	公元 195～公元 220 年	许都	河南许昌县	25	
隋	公元 580～公元 582 年	汉长安城	河南许昌县	15	6 440
	公元 582～公元 618 年	大兴	渭河下游南岸龙首原以南	37	
唐	公元 618～公元 907 年	长安	渭河下游南岸龙首原以南	274	9 004
	公元 690～公元 705 年	洛阳	洛阳王城公园东侧	15	
北宋	公元 960～公元 1127 年	汴京	开封	167	12 364
南宋	公元 1127～公元 1279 年	临安	杭州	152	13 773

　　资料来源：路遇等，2016。

镐京的经营，为关中地区作为众多朝代的都城之地奠定了基础。公元前 350 年，秦国都城建在泾阳和栎阳，后来的战国和秦代都城设在咸阳，在今咸阳市东窑店镇东北处。

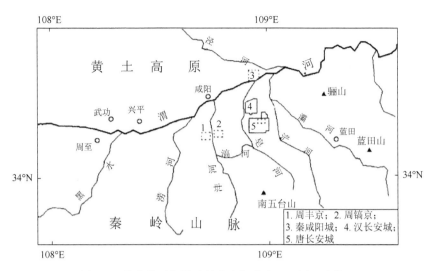

图 3-2　关中地区都城遗址的空间分布（西周—唐代）

资料来源：谭其骧，1982 年

　　西汉曾在公元前 202～公元前 200 年定都栎阳，位于今西安市阎良区，汉高祖七年正式定都长安，位置在渭河下游南岸西安市西北汉城乡一带；东汉主要建都洛阳，在今河南省洛阳市白马寺附近洛河岸边，但汉献帝曾建都长安 6 年，建都许都（许昌县）25 年。

　　魏晋南北朝以来，诸国林立，政权更迭频繁，国都也多有变化，但长安一直作为重要地方王朝的都城存在。

　　隋朝都城长安，位于渭河下游南岸龙首原以南；唐朝除武则天和唐昭宗时期外，大部分时间都定都在长安，但唐朝后期长安城的地位开始下降。

　　五代十国时期也是诸国林立，政权变化大。但与南北朝相比，都城总体向东南迁移，洛阳、开封、成都、太原等城市多次作为都城。

　　北宋建都汴京，南宋定都临安，开始东移南迁，关中地区丧失了国家政治、经济中心的功能和地位，逐渐衰落。

　　纵观西周至宋朝 2000 多年里关中地区城市的兴衰历史，与我国封建统一王朝的都城迁移轨迹可以发现，国家的中心城市的迁移具有一个鲜明的特征：基本上是按照向水、热、土资源环境组合条件更加优越的地区迁移的。

第二节　古代关中地区城市兴衰的资源环境驱动力分析

　　在探索古代城市衰荣原因的现有研究中，多是以历史学的成果为主导，史家更多的是关注人文社会因素对城市衰荣的影响，如军事政治或民族矛盾的驱动等，很少从资源环境条件变化的角度做系统的研究。但是在历史上，尤其是在早期人类社会，气候、水、土和生物等自然资源条件和生态环境是人们选择聚落和城邑位置时考虑的主要因素。本节分别从气候、森林、草场、淡水等资源环境要素，阐述城市发展与资源环境之间的相互作用关系。

一、气候干旱化

地理环境决定论的代表人物之一，18 世纪法国学者孟德斯鸠在其代表作《论法的精神》中讲到"气候的权力是世界上最高的权力"，这从侧面肯定了气候在人类生活中的重要意义。气候作为大尺度的自然环境背景，结合中、小尺度区域的地质、地貌条件，决定了区域的水、土（包括森林、草场等）、能源和矿产资源环境基础，进而影响区域的开发条件、潜力、方式和前景，是一种影响区域发展的持续的、长久的力量。

朱士光等（1998）根据历史文献、考古资料和孢粉等研究后指出，关中地区自全新世以来大致分为十个气候变化阶段，具体如下。

第一阶段：全新世早期寒冷气候，为公元前 10 000～公元前 8000 年，年平均温度较今低 5～6℃。

第二阶段：全新世中期暖湿气候，为公元前 8000～公元前 3000 年，其中公元前 7000～公元前 5000 年为仰韶文化时期，年平均温度较今高 2℃左右，年均降水量较今多 100～200mm，为亚热带暖湿潮热气候；公元前 5000～公元前 4000 年为龙山文化时期，公元前 4000～公元前 3000 年为先周时期，年平均温度和年均降水量较仰韶文化时期略有减少，为亚热带温暖半湿润气候。

第三阶段：西周时期冷干气候，时间为公元前 11 世纪～公元前 8 世纪中期，年平均温度较今低 1～2℃，年平均降水量也略少于现在。

第四阶段：春秋至西汉前期暖湿气候，时间为公元前 8 世纪中期～公元前 1 世纪，包括春秋、战国、秦和西汉前期。年平均温度高于现在 1～2℃，年平均降水量也多于现在，因而有竹类等亚热带植物大面积地生长。

第五阶段：西汉后期至北朝凉干气候，时间为公元前 1 世纪至公元 6 世纪。

第六阶段：隋和唐前中期暖湿气候，时间为 7～8 世纪，年平均温度高于现在 1℃左右，年平均降水量也略多于现在。

第七阶段：唐后期至北宋时期凉干气候，时间为 9～11 世纪。

第八阶段：金前期温干气候，时间为 12 世纪，年平均温度略高于现在。

第九阶段：金后期和元代凉干气候，时间为 13～14 世纪前半叶。

第十阶段：明清时期冷干气候，有学者指出这是"现代小冰期"，时间为 14 世纪后半叶至 20 世纪初。

根据对全新世剖面的研究，可以确定全新世早期、中期和晚期的气候变化模

式，这可以与关中地区历史资料、物候考古等研究结果相对应，表明距今 3100 年
是中全新世向晚全新世气候过渡的重要界限，关中地区的气候自此转向冷干，西
北季风占优势。此后，在千年尺度上冷干的气候格局一直没有改变，在百十年尺
度上存在着气候波动变化：西周冷干、春秋至西汉前期暖湿、西汉后期至北朝
凉干、隋和唐前中期暖湿、唐后期至北宋凉干、金前期温干、金后期和元凉干、
明清冷干。

通过以上分析可知，西周以来关中地区的气候变化呈现出干旱化的发展特征。
干旱化的气候变化必然引起区域降水量、蒸发量、积温等水热组合条件的变化，
降低了关中地区土地的生产能力，从而影响到农业经济活动，动摇了古代农业社
会的立足根本，最终引发了战乱和民族迁移。

二、水、土资源环境基础退化

限于人类认识世界和改造世界的水平，18 世纪英国工业革命之前，城市的生
存和发展主要依靠对淡水和土地两大资源的开发和利用，我国古代关中地区城市
衰荣的历史也与水、土两大资源环境要素的变迁有着密切的联系。

关中地区位于土地平坦，水源丰富的渭河平原，历史上盛极一时的长安城周
围曾经山环水绕，有"八水绕长安"的美誉。《诗经》《山海经》等文献记载了当
时关中北部诸山的林木蔚然和南面秦岭的葱茏郁秀，《荀子·强国篇》称赞战国时
期的关中是"山林川谷美，天材之利多"。但是，随着水热条件的变化、人口的
集聚和城市规模的扩大，关中地区城市赖以生存和发展的水、土资源环境基础逐
渐发生了改变。

（一）森林破坏

西周至春秋战国时期，关中平原的森林十分繁盛（图 3-3），是能够出产"巨
材"的森林（史念海，1981）。随着人口的增长和农业生产的发展，关中及周围地
区的森林开始受到破坏。尤其是历代建都时，往往大兴土木，各项建筑用材和生
活、生产燃料的需求大量增加。而这些木材都取自于附近的山林，故森林损失巨
大。这种现象在汉代已初露端倪，当时关中虽然有"陆海"之称，为九州之中的
膏腴之地，但都城附近只有鄠（今西安市鄠邑区）、杜（今西安市长安区）的竹林
能与秦岭上的檀、柘相媲美，此外再无其他森林可以称道。汉长安附近的五柞宫
和长杨宫据说因柞树和长杨而得名，可见这些树木在当地已很稀有。东汉以洛阳
为都，长安一度萧条，城市建设停滞不前，但这近 200 年间关中地区的植被未能
完全恢复。到隋朝时，秦岭才又重现了森林密布、郁郁葱葱的景象。可是，随着
隋唐长安城的建设发展，秦岭的森林又遭到破坏。当时，唐政府在东西两京附近

盛产木材的地区设置了六监，掌管采伐工作，供应建设所需。唐长安附近设有三监，负责砍伐秦岭的林木，《续资治通鉴长编》卷3中有"岁获大木以万计"的记载。唐中叶天宝年间，长安周围已无巨木可供采伐，要长途跋涉到岚（今山西省岚县北）、胜（今内蒙古自治区准格尔旗东北）等州才能取得。《新唐书》卷37中有"运岐陇木入京城"的描述。安史之乱及其之后的数次战乱，使长安历经浩劫又几经修葺，这其中所需的大量木材使得秦岭和渭河上游的植被遭到更大程度的破坏。到北宋时，秦岭地区已难以见到成规模的森林。

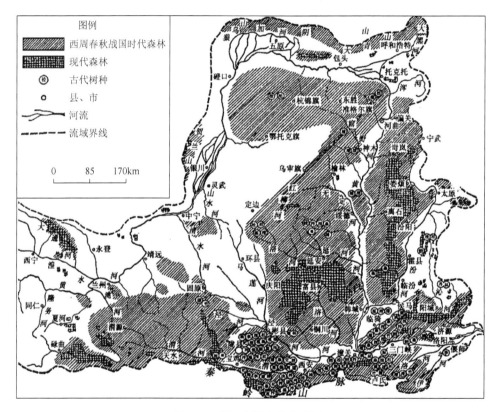

图3-3　黄河中游森林分布图

资料来源：史念海，1981

（二）草原萎缩

关中地区的城市作为都城时，不仅关中、秦岭和渭河上游的森林遭到严重破坏，北边的草原牧场也难逃噩运。随着都城规模的扩大和人口的增多，以经营农业为主要生产生活方式的汉民族不断向北扩张，农业用地也随之向北方不断侵蚀，使草原不断向北方退缩。战国末年，秦国以咸阳为都，于西北各地分设郡县移民，其中北地郡设在今甘肃省东北部泾河上游，使大片草原转变为农田。秦、汉两代，大量人口的迁入，使关中地区北部残留的草原也被开垦殆尽。

（三）水土流失

秦岭和渭河上游大量森林、草场的破坏使渭河及其支流的流域土地裸露，缺乏植被覆盖，失去了涵养水源、保持水土的功能。在降水冲蚀下，水土大量流失，渭河的含沙量剧增。泾河是渭河的重要北部支流，在西周时比渭河还要清澈，但到秦汉时期，草原的破坏造成水土流失，泾河变得十分浑浊，西汉引泾水开凿白渠时，就有"泾水一石，其泥数斗"的说法。东汉至隋唐之前，长安没有长期做过国都，城市发展较为缓慢，这不仅使关中和秦岭的林木得到一定程度的恢复，而且北方的农耕范围也有所收敛，泾河上游的草原又扩大了，泾河再度清澈起来。但是隋、唐两代又在泾河上游设置许多州县，农耕又得到发展，草原再次减小，水土流失加剧，泾河比以前更加浑浊。

（四）河水衰竭

关中地区周围森林、草原等植被被毁的过程，也是古都生态环境恶化的过程，尤其是经过汉、唐历代苦心经营已日臻完备的城市水系，在唐代以后也随着环境的恶化遭到灭顶之灾。唐长安城因其有泾、渭、浐、灞、涝、潏、沣、滈八条河流环绕，"荡荡乎八川分流，相背而异态"，固有"八水长安"之称，城区内外人工水景更是星罗棋布。但是长安诸河中南部水系均源于秦岭，北部水系的上游均流经北方草原，因此关中、秦岭的森林和北部草原蓄涵水分的作用直接影响到河水流量与河床的稳定，而一旦植被被破坏殆尽，土壤易于流失，降水得不到储存，在逐渐趋于干旱化的大气候环境下，河流便逐渐萎缩干涸。例如，在长安八水中，潏河是汉长安城和隋唐长安城的重要河流之一，是唐代由秦岭向城内运输薪炭的河道。但是到北宋时，由于秦岭的森林已被破坏得很严重，潏河开始枯竭。元祐年间，诗人张礼曾作诗《游城南记》曰："过瓜洲村，复涉潏水"，其中"涉"的意思是徒步过河，可见河浅水少的程度。

三、外部补给通道中断

渭河是关中地区最大的河流，早在 2000 多年前的战国时期，秦国历经十余年在渭河上兴建了举世闻名的郑国渠农田灌溉供水工程，引泾水灌良田达 13.3 万 hm²，变关中为粮仓，使其成为中华民族文明的摇篮，我国历史上第三个奴隶王朝周首先在渭河的武功兴起，秦咸阳和汉长安也都濒临渭河。渭河不仅造就了富饶肥沃的关中平原，而且是关中地区重要的运输通道，尤其是随着都城规模的扩大、人口的集聚，渭河作为关中地区的外部补给通道的意义更加明显。汉、唐王朝的都城长安每年所需的数百万石粮食都是靠渭河运输的，渭河上的粮船络绎不绝，史料记载唐代渭河上运粮船的承载能力在六七百石（约为 30t），足见当时渭河航运的规模。随着上游生态环境的破坏，渭河面临着越来越严重的河水衰竭、泥沙淤积等困境，其补给大动脉的功能逐渐弱化，最终在唐朝以后丧失了大规模行船的能力。

渭河自古是可以通航运输的。《淮南子》卷四的《坠形训》中记载周代的渭河是"渭水多力而宜黍"，说明渭河有舟楫之利。在《诗经》中有"亲迎于渭，造舟为梁"的句子，反映的正是渭河上行舟的情况。春秋时渭河上的船只可以到达秦国都城雍（今陕西省宝鸡市），公元前 647 年，晋国发生大旱，秦国用大批粮食救济晋国，就是从雍城出发的，历史上称为"泛舟之役"。《左传》《史记》中对此均有详细记载，说秦援晋的粮食是"船漕车转，自雍相望至绛"，一方面说明位于渭河的秦国能凭借良好的生态环境出产很多粮食，同时也说明秦代渭河水运发达。秦、汉两代，咸阳和长安先后成为渭河运输关东（函谷关以东地区）漕粮的终点，西汉时由关东运输来的粮食，可以直抵长安城下。

隋、唐时期，渭河仍是长安运输的航道。同时，西汉、隋、唐三代历次开凿傍渭河而东的漕渠，说明单凭渭河的运力还不能完全满足都城长安的生产、生活所需，而需要借助漕渠。不过，西汉和隋、唐开凿漕渠的背景却不相同。西汉开凿漕渠，是因为渭河流经关中东部时河道弯曲，从潼关渭河入黄河处到长安的水路有九百里[①]，距离太长，而开凿的漕渠航道只有三百余里，节省了 2/3 的路程，从而大大提高了运输效率。同时，西汉的漕渠还用于农业灌溉。

隋、唐两代开凿漕渠，则是因为渭河及其支流的水土流失日益严重，河水含沙量过大，河床淤积过深，已不利行船。发源于秦岭的沣、灞等河，都是渭河的支流，这些河流上游植被的破坏和水质的恶化都会直接影响到渭河。隋代为开漕渠而下的诏书曰："渭川水力大小无常，流浅沙深，即成阻阂，计其路途，数百而已，动移气序，不能往复，操舟之役，人亦劳止"。可见隋代开凿漕渠的目的不是为缩短航程，而是为运输通畅。唐代也是如此，尤其是唐中叶以后，由于人口增加、经济发展，长安水系上游的森林遭受进一步的破坏，河流泥沙含量快速增加，漕渠一度阻塞，漕粮只得仍由渭河运输，有时不得不边挖沙边行船，其艰难程度非同一般。唐末以后，再未发现有关运输船只行驶于渭河、漕渠的记载，仅有小舟摆渡，恐怕是水流细小，难以行船了。

由此可见，西周至唐宋时期，关中地区的城市发展由快转慢、由盛转衰的根本原因在于其"内外交困"的资源环境背景：在气候趋于干旱化、土地生产力降低的情况下，一方面，由于人口的大规模集聚和不恰当的资源开发行为，关中及

---

① 1 里＝500m。

周边地区的森林、草场、河流等水、土资源环境要素均面临着减少的压力；另一方面，渭河航运的中断使关中地区的城市发展丧失了稳定有力的外部补给支撑（图 3-4）。这样，盛极一时的世界性大都市长安也随着其资源环境的改变结束了作为国都的历史，规模逐渐缩减，地位日趋下降，沦为地方府城。

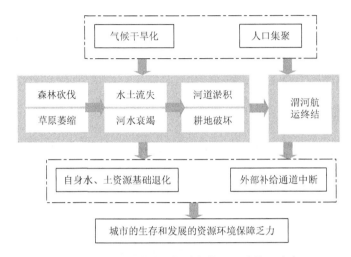

图 3-4　古代关中地区都城衰荣及迁移的驱动力

本　章　小　结

综合分析古代关中地区城市发展的历史和资源环境驱动力，可以得出以下主要结论。

（1）唐代末期，关中地区以干旱化为主要特征的气候变化造成了区域水热组合条件的变异，降低了土地的生产能力，从而影响农业生产，动摇了古代农业社会的立足根本，最终引发民族迁移。

（2）西周至唐宋时期，关中地区的城市发展由快转慢、由盛转衰的根本原因在于其"内外交困"的资源环境基础：在气候趋于干旱化、土地生产力降低的情况下，一方面，由于人口的大规模集聚和不恰当的资源开发行为，关中及周边地区的森林、草场、河流等水、土资源环境要素均面临着减少的压力；另一方面，降水减少、水土流失等因素造成了渭河航运的中断，从而使关中地区的城市发展丧失了稳定有力的外部补给支撑。

（3）西周至宋代 2000 多年里关中地区城市的兴衰历史，与我国封建统一王朝的都城迁移轨迹表明，国家或区域的中心城市总是向水、热、土等资源环境组合条件更加优越的地区迁移。

第四章 省域尺度下陕西省城市化的资源环境基础

第一节 陕西省城市化进程

一、研究区域概况

（一）位置与范围

陕西省简称"陕"或"秦"，位于我国西北地区东部，黄河中游，东邻山西省、河南省，西连宁夏回族自治区、甘肃省，南抵四川省、重庆市、湖北省，北接内蒙古自治区，居于连接我国东、中部地区和西北、西南的重要位置。全省设西安市、铜川市、宝鸡市、咸阳市、渭南市、延安市、汉中市、榆林市、安康市、商洛市 10 个地级市和杨凌农业高新技术产业示范区。我国大地原点就在陕西省泾阳县永乐镇。陕西省地域南北长，东西窄，其经纬度范围为 31°41′N～39°35′N，105°29′E～111°15′E，南北长约为 870km，东西宽为 200～500km，全省土地总面积为 20.58 万 km²，约占国土面积的 2.1%（图 4-1）。

（二）气候、地貌与水系

陕西省地域狭长，地势南北高、中间低，西部高、东部低，地形复杂，有高原、山地、平原和盆地等多种地貌形态。全省土地总面积为 20.58 万 km²，其中高原面积为 9.26 万 km²，山地面积为 7.41 万 km²，平原面积为 3.91 万 km²。以北山和秦岭为界，陕西省从北向南可以分为陕北高原、关中平原、秦巴山地三个地貌区。陕北高原海拔为 800～1300m，约占全省总面积的 45%，畜牧业较为发达，煤、石油、天然气储量丰富；关中平原西起宝鸡市，东至潼关县，平均海拔为 520m，东西长为 380km，约占全省土地总面积的 19%，是中华文明的重要发源地，自古享有"八百里秦川如诗画"的美誉；陕南秦巴山地包括秦岭、巴山和汉江谷地，约占全省土地总面积的 36%。陕西省境内的主要山脉有秦岭、大巴山等。秦岭在陕西省境内东西长为 400～500km，南北宽为 120～180km，海拔为 1500～2000m，秦巴山区是林特产的天然宝库和生物多样性保护的基因库。秦岭以北为黄河水系，主要支流从北向南有窟野河、无定河、延河、洛河、泾河（渭河支流）、渭河等。秦岭以南属长江水系，有嘉陵江、汉江和丹江（图 4-1）。

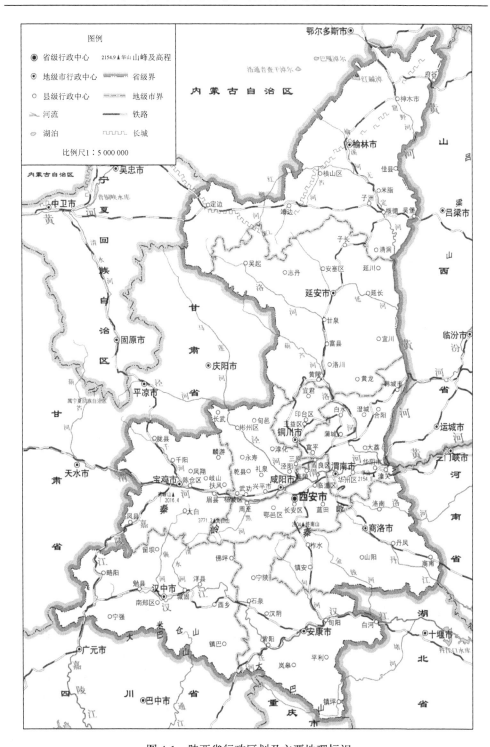

图 4-1　陕西省行政区划及主要地理标识

作为我国南北气候分界线的秦岭山脉横贯陕西全省。陕西省分为四个自然带：秦岭以南属于亚热带湿润气候，秦岭以北属于亚热带半湿润气候，关中及陕北大部属于暖温带半湿润气候，陕北北部长城沿线属中温带半干旱气候。其总特点为：春暖干燥，降水较少，气温回升快而不稳定，多风沙天气；夏季炎热多雨，间有伏旱；秋季凉爽较湿润，气温下降快；冬季寒冷干燥，气温低，雨雪稀少。全省年平均气温为 13.7℃，自南向北、自东向西递减：陕北地区年平均气温为 7～12℃，关中地区年平均气温为 12～14℃，陕南地区年平均气温为 14～16℃。1 月平均气温为–11～–3.5℃，7 月平均气温为 21～28℃，无霜期为 160～250 天，极端最低气温为–32.7℃，极端最高气温为 42.8℃。年降水量为 340～1240mm。降水南多北少，陕南地区为湿润区，关中地区为半湿润区，陕北地区为半干旱区。

（三）资源环境本底评价

1. 评价方法

本书采用要素综合法，选取对区域发展具有重要意义的淡水、耕地、草场、矿产、能源和森林六种要素，对陕西省的资源环境本底条件进行综合评价。计算公式为

$$RREB = \sum_{i=1}^{n=6} f_i \qquad (4\text{-}1)$$

式中，RREB 为区域资源环境本底特征系数，表征区域资源环境的综合状况，其值越大，说明该区域的资源环境本底综合条件越优越；f_i 为研究区域单位土地面积某资源环境要素指标 i 与全国单位国土面积某资源环境要素指标 i 均值的比值，表征区域内单要素的情况，其值越大，表明某区域该资源要素越丰富；$n = 6$，包含淡水、耕地、草场、矿产、能源和森林六种区域发展的关键资源环境要素，但此处不包括海洋生态系统。

2. 评价结果

从整体上来看，陕西省资源环境本底特征系数为 8.7，远高于其所在的西北区的资源环境本底特征系数 3.87，和全国六大区中资源环境条件最优越的华东区的资源环境本底特征系数 8.06 相当[①]，说明陕西省具有相对较好的资源环境综合背景。从单要素上来看，陕西省的淡水资源环境本底特征系数和草场资源环境本底特征系数低于全国平均水平，分别只有 0.70 和 0.43；耕地和森林面积资源环境本底特征系数基本上与全国均值持平；陕西省资源方面的优势主要集中在矿产

---

① 《中国城市化进程的资源环境基础》（张雷，2009）一书中对全国六大区域的资源环境本底特征进行了计算，本底特征系数由高到低排序依次为：华东区、中南区、华北区、西南区、东北区和西北区。

资源和能源资源上（图 4-2），其资源环境本底特征系数分别为 1.43 和 4.06，尤其是能源资源环境本底特征系数，显著拉高了陕西省的资源环境本底特征系数（表 4-1）。

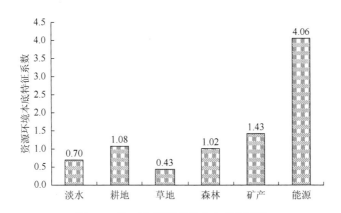

图 4-2　陕西省资源环境本底特征评价

资料来源：《陕西统计年鉴 2016》《中国统计年鉴 2016》

表 4-1　陕西省重要矿产保有储量在全国和西部的位次（2015 年）

矿种	位次		矿种	位次	
	全国	西部		全国	西部
煤	4	3	钼矿	7	3
石油	3	2	金矿	9	6
天然气	3	3	银矿	23	9
铁矿	18	7	硫铁矿	18	9
铜矿	17	8	磷矿	7	4
铅矿	12	8	盐矿	1	1
锌矿	14	10	水泥用灰岩	4	2
铝土矿	12	6			

资料来源：《陕西统计年鉴 2016》。

（四）社会经济概况

1. 行政区划与人口

2015 年陕西全省共有西安市、咸阳市、铜川市、延安市、榆林市、宝鸡市、渭南市、汉中市、安康市、商洛市 10 个地级市和杨凌农业高新技术产业示范区，有 4 个县级市、73 个县和 30 个市辖区，1014 个乡镇，227 个街道办事处。依据自然条件和人文特征，陕西省在习惯上由北向南被划分为三大地带：①陕北地区，包括延安市和榆林市；②关中地区，包括西安市、咸阳市、铜川市、宝鸡市、渭南市和杨凌农业高新技术产业示范区；③陕南地区，包括汉中市、安康市和商洛市。2015年，全省常住人口为3792.87万人，男女性别比为106.73（以女性为100），城镇常住人口为2045.12万人，占全省总人口的53.92%，乡村人口为1747.75万人，占全省总人口的46.08%。1979～2000年，全省总人口年均增长1.3%，城镇人口年均增长4.5%，乡村人口年均增长0.3%。2000～2007年，全省总人口年均增长0.2%，城镇人口年均增长3.6%，乡村人口年均增长–1.6%；2007～2015年，全省总人口年均增长0.3%，城镇人口年均增长6.0%，乡村人口年均增长–2.8%。

2. 经济规模与生产能力

中华人民共和国成立以来，陕西省的国民经济发展取得了巨大的成就，GDP由1952年的12.85亿元增长到2015年的18 021.86亿元，年均增长285.86亿元。从比重上来看，陕西省GDP占全国的比重一直保持在相对较低的水平，其波动范围基本保持在1.5%～2.6%（图4-3）。这说明1949年以来，虽然陕西省的社会经济发展水平和人民生活水平有了巨大的提高，但是与全国其他地区，尤其是中东部地区相比，在发展速度和效益上还存在着一定的差距。1999年西部大开发战略实施以来，陕西省的社会经济取得了全面快速的发展，以当年价进行核算，2000～2015年陕西省GDP年均增长16.85%，高于13.71%的全国平均水平（图4-4）。

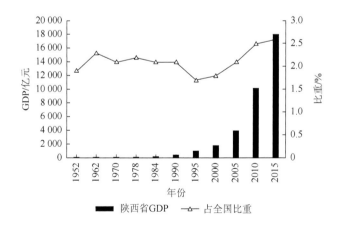

图4-3 陕西省GDP占全国比重（1952～2015年）

3. 优势产业与区域经济分异

陕西省的优势支柱产业为高新技术产业、林果业、畜牧业、旅游业、能源化

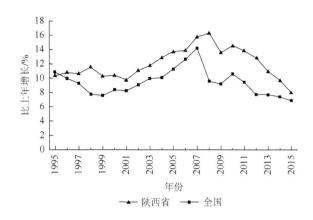

图 4-4　陕西省与全国的 GDP 增速比较（1995～2015 年）

资料来源：1996～2016 年《中国统计年鉴》、1996～2016 年《陕西统计年鉴》

学工业和国防科技工业。受自然环境、资源基础和开发历史等因素的影响，陕西省的区域经济发展具有明显的纬度地带差异。其中，关中平原区一直是陕西省的政治、经济和文化中心，人口密集，社会经济发展水平较高，优势产业为特色农业、高新技术产业、纺织业、旅游业和国防科技工业等；陕南秦岭山区和陕北黄土高原区的发展相对滞后，陕南地区的优势产业为特色农业、冶金、机械、水电和飞机制造；陕北地区的优势产业为特色农牧业和能源重化工业（表 4-2）。20 世纪 90 年代以来，随着石油、天然气等能源资源的开发和国家能源重工业基地的建设，陕北黄土高原区表现出强劲的增长势头，成为陕西省经济增长最迅速的地区。

表 4-2　陕西省优势产业的区域分异

区域	陕北地区	关中地区	陕南地区
优势产业	特色农牧业（烟、果、羊、薯、枣、杂粮），能源重化工业	特色农业（粮、棉、油、果、蔬菜、秦川牛）、高新技术产业（生物制药、航空航天、运输设备制造业等）、纺织业、建材业、旅游业、国防科技工业	特色农业（蚕、茶、药、菌），冶金、机械、水电、飞机制造

资料来源：《陕西统计年鉴 2016》。

关中经济区是陕西省三大经济区中规模最大、结构最优、开放性最强、发展最为成熟的一个经济区；陕北经济区的人均 GDP 表现十分突出，是关中经济区的 1.35 倍，是陕南经济区的 2.28 倍。陕南经济区的宜居性强，但经济发展较为落后（表 4-3）。

表 4-3 陕西三大经济区概况比较（2015 年）

项目		人口/万人	土地面积/万 km^2	主要地形	气候	人口密度/(人/km^2)	人均GDP/元	工业增加值/亿元	进出口总额/亿元	城市化率/%
关中经济区	数值	2 385.08	5.55	关中平原	暖温带季风性气候	430	48 698	4 077.90	1 859.36	56.8
	比重/%	62.88	26 398					57.21	98.10	
陕北经济区	数值	563.24	8.03	黄土高原	温带大陆性半干旱气候	70	65 716	2 183.85	8.83	55.9
	比重/%	14.85	39.04					30.64	0.47	
陕南经济区	数值	844.55	6.99	秦巴山地	北亚热带大陆性湿润季风气候	121	28 847	866.05	27.21	44.5
	比重/%	22.27	33.98					12.15	1.43	

资料来源：《陕西统计年鉴 2016》。

　　从发展历程来看，1980 年以来关中经济区的经济规模始终遥遥领先于其他两个经济区。如表 4-4 所示，1980 年关中经济区 GDP 是陕北经济区的 9.5 倍、陕南经济区的 3.6 倍；2015 年，关中经济区 GDP 是陕北经济区的 3.1 倍、陕南经济区的 4.8 倍。关中经济区与陕北经济区之间的区域差距大幅度减小，与陕南经济区之间的区域差距有所增大。在固定资产投资总额、地方财政收入、社会消费品零售总额等方面，关中经济区也始终优于其他两个经济区。1980 年，陕南经济区经济发展规模的各项指标均优于陕北经济区；自 1990 年起，随着能源资源的开发，陕北经济区的绝大多数经济规模指标已超越陕南经济区，2015 年陕北经济区的 GDP 是陕南经济区的 1.5 倍。但是，由于区域总人口少，陕北经济区的社会消费品零售总额始终低于陕南经济区。

表 4-4 陕西省三大经济区经济发展的区域分异

指标	年份	关中经济区	陕北经济区	陕南经济区
GDP/亿元	1980	72.00	7.55	19.82
	1990	262.38	198.46	74.93
	2000	1 282.15	301.69	250.38
	2010	6 353.24	2 642.09	1 122.66
	2015	11 585.17	3 690.15	2 433.18
固定资产投资总额/亿元	1980	18.09	1.45	1.98
	1990	59.90	8.13	11.19

续表

指标	年份	关中经济区	陕北经济区	陕南经济区
固定资产投资总额/亿元	2000	430.61	109.67	80.93
	2010	6 032.13	1 829.99	962.92
	2015	13 432.49	3 021.54	2 565.25
地方财政收入/亿元	1980	11.06	0.55	1.20
	1990	25.44	3.33	6.56
	2000	76.47	15.03	11.34
	2010	374.38	230.73	43.87
	2015	925.33	456.75	107.30
社会消费品零售总额/万元	1980	33.35	3.81	8.51
	1990	124.68	12.29	28.19
	2000	576.75	58.40	90.49
	2010	2 532.87	315.32	347.48
	2015	5 247.78	637.50	692.86

资料来源:《陕西六十年》(1949~2009)、《陕西统计年鉴 2016》。

二、陕西省城市化进程研究

依据现代城市化的概念和内涵,本书采用人口城市化、经济城市化和整体城市化三项指标来分析陕西省城市化的演进过程与特征,计算方法和公式详见第二章。

(一)陕西省城市化的演进过程

1. 特征一:阶段性

中华人民共和国成立后,以能源矿产资源开发为主导的生产方式变革彻底改变了我国的财富积累方式,工业经济取代农业经济、城市取代农村逐渐成为国民经济的主体,我国的城市化进程也进入了一个全新的发展时期。但是,从我国的城市化进程可以看出,各个时期所采取的城市化政策的差异,使我国的现代城市化发育不能在一个相对稳定的政策环境下进行,从而表现出明显的曲折性和阶段性。纵观 1952~2015 年陕西省城市化的演进过程,也表现出与国家政策紧密相关的阶段性特征(图 4-5)。

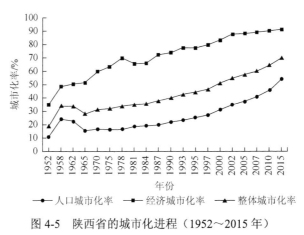

图 4-5 陕西省的城市化进程（1952～2015 年）

资料来源：2009～2016 年《陕西统计年鉴》《新中国六十年统计资料汇编》、2009～2016 年《中国城市统计年鉴》

（1）城市化初始发育阶段（1949～1978 年）。在中华人民共和国成立至 1978 年改革开放的 30 年时间里，陕西省的社会经济一直处于欠稳定和非常态的发育环境之中，反映在城市化进程上，呈现出波动性的变化特征。此阶段陕西省的人口城市化率由 10.47%增长到 16.36%，年均增长 0.20 个百分点；经济城市化率由 22.63%增长到 43.53%，年均增长 0.72 个百分点；整体城市化率由 15.39%增长到 26.69%，年均增长 0.39 个百分点。依据城市化进程的波动性特征，该阶段可以细分为三个时期：①恢复与快速发展时期（1949～1957 年）。这一时期陕西省作为国家重点建设地区，布局了 24 个国家重点建设项目，再加上与之相配套的 50 多个大中型工程的相继建设，形成了陕西省经济建设的一个高潮。为适应经济建设的需要，大量的工人、技术人员和管理干部及其家属迁入陕西省，同时许多高等院校或系科也迁入陕西省或在陕西省组建，在此期间共有 17 座高等院校相继建成招生，再加上工矿企业在农村招工，从而使全省城市经济和城市建设迅速展开，人口也随之迅速向城市地区集聚。②大起大落时期（1958～1965 年）。这一时期我国国民经济波动很大，伴随着经济的波动，城市化发展大起大落。受"大跃进"运动的影响，1958 年一年的时间里陕西省的城市人口增加了 157.5 万人，达到 436 万人，城市人口占全省总人口的比重达到 23.18%。到 1960 年，全省城市人口达到 498.1 万人，占全省总人口的 25.62%，达到了高峰。随后，由于自然灾害等原因，我国经济滑坡，国家采取调整措施，动员大批城市人口回乡，同时调整了市镇建制，撤销汉中市和一批建制镇，使市、镇建制分别由 5 个和 127 个减为 4 个和 75 个，城市人口因此大幅度减少，城市经济和建设停滞，城市化首次出现了倒退的情况。1965 年，陕西全省城市人口减至 324.4 万人，其中非农业人口减为 128.3 万人，分别占全省总人口的 15.45% 和 10.87%，降到 1960 年以后的最低点，经济城市化率由 1960 年的 34.6% 下降到 33.3%，整体城市化率也由 27.8% 下降到 22.7%。③徘徊停滞时期（1966～1978 年）。此阶段陕西省的工业经济增长缓慢，粮食生产停滞不前，在陕建设的国家大中型工业项目也受到严重影响。在政策上国家动员大批干部和城市知识青年上山下乡，使城市人口向农村倒流。这些都导致城市发展的停滞甚至萎缩；另外，由于特殊的地理位置，陕西省成为国家"三线"建设的重点区域，但在当时"先生产，后生活"和"山、散、洞"的工业布局原则下，大量的工业企业被安置在远离城市的山区，使工业布局很少形成新的城市。此阶段陕西全省仅增加了 1 个市，但却减少了 2 个镇，城市人口基本以自然增长为主，经济城市化进程也推进缓慢。

（2）城市化一般快速发展阶段（1979～1999 年）。改革开放以来，我国实施了经济体制改革、体制创新和对外开放等一系列方针政策，给社会经济发展注入了强大的活力。1978 年以来，陕西省的国民经济持续快速增长，工业化进入了新阶段，城市化也步入了常态快速发展阶段，人口城市化率由 1979 年的 17.1% 增长到 1999 年的 30.8%，年均增长 0.69 个百分点；经济城市化率由 44.6% 增长到 66.4%，年均增长 1.09 个百分点；整体城市化率由 27.6% 增长到 44.0%，年均增长 0.82 个百分点。此阶段的城市化进程可以细分为两个时期：①以农村经济体制改革为主导的时期（1979～1984 年），该时期农村改革极大地解放和发展了农村生产力，农村地区的经济产出迅速增长，从而使陕西省的经济城市化和人口城市化进程有所放缓；②以乡镇企业发展和城市改革为主导的时期（1985～1999 年），该时期国家更加重视城市和城市经济实体在社会经济中的主导作用，陕西省的经济城市化水平快速提高。同时，社会物质财富的丰富和人口流动政策的放松使城乡之间的人口流动也趋于频繁化和常态化，人口城市化进程大大加速，人口城市化水平和经济城市化水平趋于相对平衡。在人口和经济城市化的双轮驱动下，该时期陕西省的整体城市化水平也有了较快的提高。

（3）城市化高速推进阶段（2000～2015 年）。20 世纪 90 年代末，为了缩小日趋扩大的区域差距并促进国民经济可持续发展，我国施行了西部大开发战略。陕西省属于资源环境、开发背景和社会经济基础都较好的近西部地区，在国家积极政策的扶植下，社会经济很快得到了全面的快速发展，城市化进程也得到了有力的高速推进，各项城市化指标均进入增速最快的时期。2000～2015 年，陕西省人口由 3644 万人增加到 3690 万人，人口城市化率由 31.4% 增长到 34.31%，年均增长 0.19 个百分点；经济城市化率在这个阶段增长最快，由 67.19% 增长到 91.14%，年均增长 1.60 个百分点；在人口和经济高速城市化的推动下，陕西省的整体城市化率由 45.93% 增长到 55.92%，年均增长 0.67个百分点（表 4-5）。

表 4-5　陕西省城市化进程的阶段性特征（1952～2015 年）

项目	阶段 I：初始发育			阶段 II：一般快速发育			阶段III：高速推进		
	政策背景："三线"建设			政策背景：改革开放			政策背景：西部大开发		
	1952 年城市化率/%	1978 年城市化率/%	年均增长/%	1979 年城市化率/%	1999 年城市化率/%	年均增长/%	2000 年城市化率/%	2015 年城市化率/%	年均增长/%
人口	10.47	16.36	0.23	17.1	30.80	0.69	31.40	34.31	0.19
经济	22.63	43.53	0.80	44.6	66.40	1.09	67.19	91.14	1.60
整体	15.39	26.69	0.43	27.6	44.00	0.82	45.93	55.92	0.67

资料来源：2009～2016 年《陕西统计年鉴》《新中国六十年统计资料汇编》、2009～2016 年《中国城市统计年鉴》。

2. 特征二：经济城市化的主导性

1949 年以来，陕西省的城市化进程表现出显著的以经济城市化为主导的特征，经济城市化演进曲线对整体城市化曲线的走势影响相对较大。本书采用经济学中因子贡献率这一指标来衡量人口和经济城市化水平对整体城市化水平的影响程度。因子贡献率是指总量增长中各因子所起作用的大小，即某因子的增长量占总增长量的比重，计算公式为

$$P = \frac{P_i}{P_t} \times 100\% \qquad (4-2)$$

式中，P 为某因子的贡献率；P_i 为某因子的增长量；P_t 为总量的增长量。贡献率的值可正可负，正值表示该因子与总量的变化方向相同；反之，则表示该因子与总量的变化方向相反。

如图 4-6 所示，1952～2015 年，陕西省人口城市化对整体城市化的平均贡献率为 1.07，而经济城市化的平均贡献率高达 1.69，经济城市化的主导性特征十分明显。从不同城市化阶段来看，在陕西省城市化的初始发育阶段、一般快速发育阶段和高速推进阶段，人口城市化的贡献率均低于经济城市化的贡献率。但是随着城市化进程的演进，我国城乡人口流动日趋频繁和加剧，人口城市化进程大大加快，其贡献率与经济城市化的贡献率之间的差距呈现出逐渐减小的发展趋势。

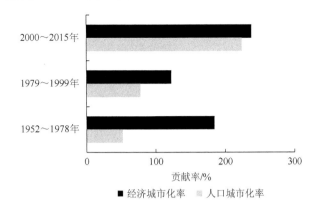

图 4-6 陕西省人口城市化与经济城市化的贡献率（1952～2015 年）

3. 特征三：经济城市化领先于人口城市化

中华人民共和国成立以来，陕西省的经济城市化进程表现出明显地领先于人口城市化的特征（图 4-5）。1952～2015 年，陕西省的人口城市化率均值为 24.38%，经济城市化率均值为 70.93%，是人口城市化率的 2.9 倍。以 1978 年为界，陕西省人口城市化率与经济城市化率之间差距的变化趋势有所不同：1952～1978 年，二者的差距有逐渐加大的发展态势；1978～2015 年，二者的差距逐渐趋于缩小。这种现象在全国及其他省份的相关研究中也有出现。其主要原因在于：一方面，1978 年以前我国一直都实行相对严格的户籍管理和流动人口管理制度，这在一定程度上限制了人口的流动行为，而 1978 年以后，我国区域之间和城乡之间的人口流动逐渐趋于频繁化和常态化；另一方面，相对于农村生活，城市具有较高的生活成本，从经济门槛上限制了农村人口向城市的迁移。

（二）陕西省城市化与全国的比较

从整体上说，中华人民共和国成立以来陕西省的城市化进程滞后于全国平均水平（图 4-7），具体来说，可以划分为三个阶段。

1. 中华人民共和国成立初期至 20 世纪 80 年代初期

除了"一五"重点建设时期和"三线"建设时期受国家区域发展战略倾斜的影响，陕西省的城市化快速发展外，此阶段的大部分时间内，陕西省的城市化进程基本上保持着与全国同步的发展速度。由于城市建设水平起点低，此阶段陕西省的城市化水平基本上低于全国平均水平。

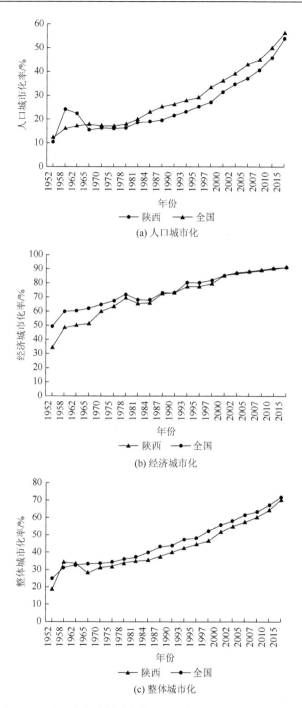

(a) 人口城市化

(b) 经济城市化

(c) 整体城市化

图 4-7　陕西省与全国城市化进程比较（1952～2015 年）

资料来源：2009～2016 年《陕西统计年鉴》、2009～2016 年《中国统计年鉴》《新中国六十年统计资料汇编》

2. 20 世纪 80 年代中期至 90 年代末期

随着改革开放的逐渐深入，此阶段内，乡镇企业、城市改革和外向型经济成为我国区域经济发展的主要推动力。但是，受限于区位条件、体制、观念、财富积累程度、社会经济发展阶段和生态环境等制约因素，该时期陕西省在对外开放、经济体制改革和乡镇企业发展等方面发展缓慢，尤其是远远落后于东南沿海等改革开放前沿地区的发展速度，因此反映在城市化水平上，陕西省与全国平均水平的差距有所增大。

3. 2000~2015 年

1999 年，西部大开发战略实施以来，陕西省的社会经济在国家产业、投资和财税等一系列倾斜政策的扶植下，进入了前所未有的高速发展阶段，城市化水平与全国均值的差距也逐渐缩小。2013 年以来，随着"一带一路"倡议的实施，作为丝绸之路经济带起点的陕西省的城市化进程全面快速推进，人口城市化和整体城市化的进程也显著加快，与全国均值的差距逐渐缩小。

第二节　空间溢出视角下陕西省城市化的资源环境基础

一、陕西省城市化的土地资源占用

土地资源是支持国家和地区城市化进程最基本的资源要素和活动场所，城市化最直观地表现为人口和财富向城市空间集聚。当前陕西省正处于城市化和现代化进程快速推进的发展时期，城市生存和发展对土地资源的需求日趋迫切，城市建设用地与耕地、园地等其他土地利用类型之间的矛盾突出。因此，厘清陕西省城市化进程中土地资源的占用情况对促进土地资源的合理开发具有重要的意义。

（一）计算方法

本书按照城市化的资源环境基础理论，依据土地资源的使用功能（表 4-6），将支撑陕西省城市生存和发展的土地资源划分成直接占地、间接占地和诱发占地三种类型进行核算（计算公式详见第二章），计算结果见表 4-7。

表 4-6　空间溢出视角下城市的土地资源占用分类

用地类型	占地功能	概念与内涵
直接占地	"立身"之需	指城市实体在空间上直观占用的土地资源，包括居民用地、工业用地、公共设施用地、仓储用地、对外交通用地、道路广场用地、市政公用设施用地、绿地、特殊用地等土地利用类型

用地类型	占地功能	概念与内涵
间接占地	农产品溢出用地——"果腹"之需	指满足城市生存和发育所必需的日常生活副食品等物质消费所产生的土地资源占用，绝大部分发生在城市建成区之外
诱发占地	环境溢出用地——"环境"之需	指用以维系城市的空气质量（呼吸）和水源地（饮水）安全等环境功能的土地资源占用

表 4-7　陕西省城市化的土地资源占用量（1952～2015 年）　（单位：万 hm^2）

年份	直接占地	间接占地	诱发占地	占地总量
1952	3.80	870.79	0.66	875.25
1957	4.39	860.64	1.03	866.06
1962	4.75	774.29	4.03	783.07
1965	4.90	840.98	3.68	849.56
1970	5.87	844.83	9.72	860.42
1975	6.42	847.86	17.94	872.23
1978	7.52	791.67	28.14	827.34
1985	9.02	655.76	49.51	714.29
1990	12.13	311.33	57.25	380.71
1997	14.47	153.46	80.92	248.84
2000	17.64	185.77	105.03	308.43
2004	18.68	208.27	188.53	415.48
2007	20.88	240.38	263.27	524.53
2015	25.63	273.22	301.87	600.72

资料来源：2009～2016 年《陕西统计年鉴》、2009～2016 年《中国统计年鉴》、2009～2016 年《中国城市统计年鉴》、2009～2016 年《中国城市建设统计年鉴》《新中国六十年统计资料汇编》等。

（二）结果分析

1. 占地规模特征

1952～2015 年，陕西省城市化直接占地量增加了 5.7 倍，环境溢出用地，即诱发占地增加了 456 倍。农产品溢出用地，即间接占地在波动中显著减小，2015 年农产品溢出占地量比 1952 年减少了 68.6%，2000 年以后农产品溢出用地较为稳定，保持在 220 万 hm^2 左右。占地总量呈现出"减-增-减-增"的波动变化趋势，1997 年为占地总量的最低值，占地量为 249 万 hm^2（图 4-8）。

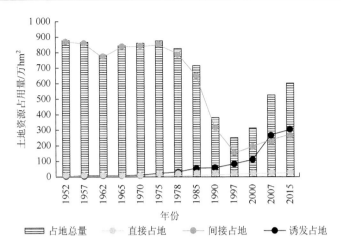

图 4-8　陕西省城市化的土地资源占用（1952～2015 年）

2. 占地比重变化特征

从比重上看，表征城市实体用地的直接占地比重始终低于 5%，表明在空间溢出的视角下，城市土地资源占用主要集中在溢出部分。1952～2015 年，陕西省城市化的土地资源占用结构由以农产品溢出占地为主体，逐渐演变为以环境溢出占地为主体。这种结构演变表明随着社会经济的发展、科学技术水平的提高和相关政策、制度等配套软环境的逐渐完善，吃饭问题已经不再是困扰城市居民的首要问题，而城市生态环境、人居环境的保护和建设成为现代城市在发展过程中必须重点考虑的关键问题（图 4-9）。

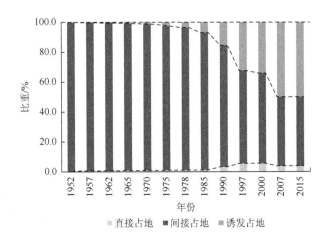

图 4-9　陕西省城市化的土地占用结构演变（1952～2015 年）

3. 占地结构特征

1952 年，陕西省的城市土地占用结构为直接占地：间接占地：诱发占地为 0.4：99.5：0.1，表明人类食物需求的间接占地一家独大；1978 年，直接占地、间接占地和诱发占地的比重演化为 0.9：95.7：3.4，虽然直接占地和诱发占地比重有所上升，但是间接占地仍占据着绝对优势；20 世纪 90 年代以来，表征人类活动对生态环境的影响的诱发占地比重快速上升；至 2007 年，陕西省的城市土地占用结构演变为 4.0：45.8：50.2，诱发占地份额超过间接占地份额；至 2015 年，陕西省的城市土地占用结构为 4.2：45.5：50.3，城市土地占用结构由以间接占地为主体逐渐演变为以诱发占地为主体（图 4-10）。

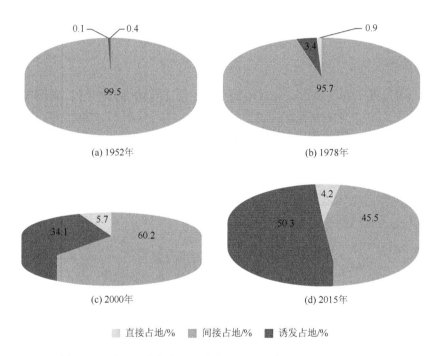

图 4-10　陕西省城市化的土地资源占用结构（1952～2015 年）

二、陕西省城市化的淡水资源占用

城市化进程中，产业发展、人口积聚、城市扩张及生态环境的建设都离不开水资源的支撑。尤其是对位于西北半干旱地区的陕西省而言，水资源是"生态环境-社会经济"复合系统之间矛盾的焦点，也是影响区域可持续发展的关键因素所在。

（一）计算方法

本书按照城市化的资源环境基础理论，依据淡水资源的使用功能，将支撑陕西省城市生存和发展的淡水资源划分成直接用水、间接用水和诱发用水三种类型进行核算（计算公式详见第二章）（表4-8），核算结果见表4-9。

表 4-8　空间溢出视角下城市的淡水资源占用分类

用水类型	用水功能	概念与内涵
直接用水	"立身"用水	指工业用水、城市生活用水和城市生态环境用水之和
间接用水	农产品溢出占用 ——"果腹"用水	指生产城市居民日常生活所消费的各种农副产品所需的淡水量
诱发用水	环境溢出占用 ——"环境"用水	指用以维系城市的空气质量（呼吸）和水源地（饮水）安全等环境功能的林地的需水量

表 4-9　陕西省城市化的淡水资源占用量（1952～2015 年）　（单位：亿 m²）

年份	直接用水	间接用水	诱发用水	用水总量
1952	1.21	199.74	0.40	201.35
1957	1.84	198.10	0.61	200.55
1962	2.93	178.22	1.19	182.34
1965	3.78	193.58	1.09	198.44
1970	5.82	194.46	2.87	203.15
1975	8.20	195.16	5.29	208.65
1978	10.66	183.12	8.30	202.09
1985	12.15	150.94	14.61	177.69
1990	13.23	79.99	13.89	107.11
1997	18.27	44.44	23.87	86.58
2000	17.85	53.49	18.98	90.32
2004	19.58	66.36	46.21	132.15
2007	23.61	97.90	117.69	239.20
2015	33.23	103.30	132.87	269.40

资料来源：2009～2016 年《陕西统计年鉴》、2009～2016 年《中国统计年鉴》、2009～2016 年《中国城市统计年鉴》、2009～2016 年《中国城市建设统计年鉴》、2000～2016 年《中国水资源公报》《新中国六十年统计资料汇编》等。

（二）结果分析

1. 用水规模特征

从用水量上来看，1952～2015 年陕西省城市直接用水量呈现出逐渐增加的发展态势，其值由 0.73 亿 m³ 增加到 33.23 亿 m³，增长了 44.5 倍，年均增长量为 0.52 亿 m³；城市间接用水量呈现出波动减少的发展态势，其值由 199.74 亿 m³ 下降到 103.30 亿 m³，下降了 48%；城市诱发用水量整体上呈现出波动增长的发展态势，其值由 0.40 亿 m³ 增加到 132.87 亿 m³，增长了近 331 倍，年均增长量达到 2.10 亿 m³。在三种类型用水量的综合作用下，1952～2015 年陕西省的城市用水总量呈现出波动变化的发展态势，具体可以细分为三个阶段：①城市用水总量高位运行阶段（1952～1978 年）——此阶段陕西省城市用水总量曲线没有大的变化，城市用水总量保持在 200 亿 m³ 的高位上；②城市用水总量快速下行阶段（1978～1997 年）——此阶段陕西省城市用水总量持续下降，其值由 1978 年的 202.08 亿 m³ 快速下降到 1997 年的 86.58 亿 m³ 减少了 57.2%，年均下降 6.08 亿 m³；③城市用水总量高速上行阶段（1997～2015 年）——此阶段陕西省城市用水总量持续上升，其值由 1997 年的 86.58 亿 m³ 快速上升到 2015 年的 269.40 亿 m³，增长了 2.11 倍，年均增长 10.1 亿 m³，是陕西省城市用水总量变化最为迅速的时期（图 4-11）。

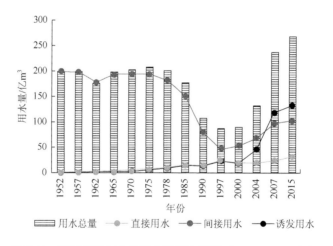

图 4-11　陕西省城市化的淡水资源占用量（1952～2015 年）

从增长速度上看，1952～2015 年的 60 多年里，陕西省城市直接用水量的增长速度逐渐趋于平缓：1952～1999 年，陕西省城市直接用水量的年均增长量为 0.39 亿 m³；2000～2007 年为 0.71 亿 m³；2008～2015 年为 1.20 亿 m³。对陕西省城市间接用水量来说，1978～1999 年的变化最为剧烈，下降幅度达到 75.7%，前后两个阶段变化都较为平缓：1952～1978 年，城市间接用水量减少了 9%；2000～2015 年，城市间接用水量有所增加，年均增长量为 3.32 亿 m³。对陕西省城市诱发用水量来说，其变化可以划分为两个阶段：1952～2000 年，诱发用水量波动性增长，且增长速度较为缓慢，年均增长量为 0.4 亿 m³；2000～2015 年，诱发用水量持续快速增长，年均增长量达到 7.59 亿 m³。

2. 用水比重变化特征

从直接用水、间接用水和诱发用水的比重来看（表 4-10），直接用水的比重先升后降，其份额始终保持在 22% 以内；间接用水的比重总体呈现出下降的趋势，但是 2007 年以前，间接用水都是城市用水中所占份额最大的部分；1978 年以前，间接用水比重始终保持在 90% 以上，到 2015 年，其比重下降到 38.3%；诱发用水的比重整体上呈现出增长的发展态势，1985 年以前，其比重始终小于 10%，2000 年以后，诱发用水比重迅速增长，至 2007 年，其比重值达到 49.2%，成为份额最大的用水类型。

表 4-10　陕西省城市化的淡水资源占用结构（1952～2015 年）　　（单位：%）

年份	直接用水	间接用水	诱发用水	合计
1952	0.6	99.2	0.2	100
1957	0.9	98.9	0.2	100
1962	1.6	97.7	0.7	100
1965	1.9	97.5	0.5	100
1970	2.9	95.7	1.4	100
1975	3.9	93.5	2.5	100
1978	5.3	90.6	4.1	100
1985	6.8	84.9	8.2	100
1990	12.4	74.7	13.0	100
1997	21.1	51.3	27.6	100
2000	19.8	59.2	21.0	100
2004	14.8	50.2	35.0	100
2007	9.9	40.9	49.2	100
2015	12.3	38.3	49.3	100

资源来源：2009～2016 年《陕西统计年鉴》。

3. 用水结构特征

1952 年，陕西省的城市淡水资源占用结构为直接用水：间接用水：诱发用水为 0.6：99.2：0.2，表征人类食物需求的间接用水一家独大；1978 年，直接用水、间接用水和诱发用水的比重演化为 5.3：90.6：4.1，虽然直接用水和诱发用水比重有所上升，但是间接用水仍占据着绝对优势；20 世纪 90 年代以来，表征人类活动对生态环境的影响的诱发用水比重快速上升，至 2007 年，陕西省的城市淡水资源占用结构演变为 9.9：40.9：49.2，诱发用水份额超过间接用水，至 2015 年城市淡水资源占用结构演变为 12.3∶38.3∶49.3，城市淡水资源占用结构由以间接用水为主体，逐渐演变为以诱发用水为主体（图 4-12）。

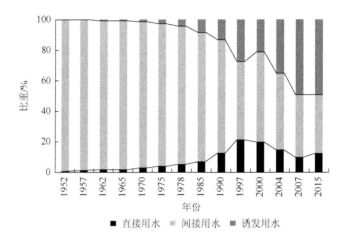

图 4-12　陕西省水资源占用的结构特征（1952～2015 年）

三、陕西省城市化的能源资源占用

矿物能源是现代社会生产和生活最基本和最主要的动力来源，世界各国的实践表明，国家和区域社会经济的稳定快速发展对能源供应有效保障的依赖性越来越强。本书对中华人民共和国成立以来，陕西省城市化过程中的煤炭、石油和天然气资源的消费量进行分析（表 4-11）。

表 4-11　陕西省城市化的能源资源占用量（1952～2015 年）

年份	煤炭消费量/万 t	石油消费量/万 t	天然气消费量/亿 m³	能源消费总量/万 t ce[①]
1952	126.3	0.1	0	90.3
1957	197.0	2.2	0	143.9
1962	519.3	3.5	0	375.9
1965	472.7	2.7	0	341.5
1970	854.5	2.6	0	614.0
1975	1 457.6	7.1	0	1 051.3
1978	2 115.1	10.5	0.01	1 165.4
1985	2 999.0	25.6	0.03	1 776.2
1990	2 728.0	61.0	0.07	2 239
1997	3 779.0	153.9	0.38	3 134
2000	2 766.0	521.6	6.67	2 731
2004	4 958.0	1 073.0	32.77	4 776
2007	7 894.0	1 608.9	41.34	6 639
2015	18 373.6	1 114.3	82.69	11 716

①ce 为标准煤。

资料来源：2009～2016 年《中国能源统计年鉴》、2009～2016 年《陕西统计年鉴》《新中国六十年统计资料汇编》等。

（一）能源消费规模

从数量变化上看，陕西省的煤炭、石油和天然气消费量整体均出现了增长，2000 年以后，各种能源资源的消费增速明显加快。

从消费量来看，中华人民共和国成立以来，陕西省的煤炭资源消费量呈现出波动增长的发展态势（图 4-13）。具体可以细分为三个阶段：①持续增长阶段（1952～1977 年）——陕西省的煤炭资源消费量持续增加，年均增量达到 76.5 万 t；②波动起伏阶段（1978～2000 年）——煤炭资源消费量呈波动变化，年均增量较小，其值为 29.6 万 t；③快速增长阶段（2000～2015 年）——煤炭资源消费量迅速上升，年均增量达到 1040.5 万 t，分别是前两个阶段年均增量的 14 倍和 35 倍。

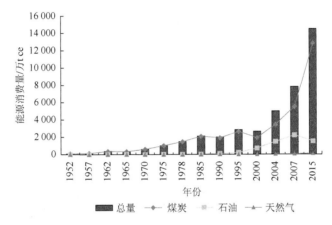

图 4-13　陕西省能源资源消费量（1952～2015 年）

资料来源：2009～2016 年《中国能源统计年鉴》《新中国六十年统计资料汇编》

对石油资源来说，其消费量呈现出持续增长的发展态势。1978 年以前，陕西省的石油资源消费量始终在 10 万 t 以下，年均增量只有 0.4 万 t；1978～2000 年，随着工业化的推进，陕西省的石油资源消费量有了较快的增长，2000 年石油资源消费量达到 153.9 万 t，年均增量达到 23 万 t；由于陕西省石油资源的丰富储量和社会经济的迅速发展，2000～2007 年，其石油资源消费量迅速增长，2007 年其值为 1608.9 万 t，年均增量达到 155.3 万 t；2007～2015 年，陕西省石油消费量有所下降，2015 年石油消费量为 1114.3 万 t，年均减少量为 61.8 万 t。

对天然气资源来说，其消费量呈现出持续增长的发展态势。陕西省天然气资源的规模化使用是在 1978 年以后，1978 年消费量为 0.01 亿 m^3，至 2000 年达到 6.67 亿 m^3。2000～2015 年，由于陕西省天然气资源的丰富储量和社会经济的迅速发展，其天然气资源消费量迅速增长，其值为 82.7 亿 m^3，年均增量达到 5.1 亿 m^3。

对全国能源资源消费总量来说，中华人民共和国成立以来其变化曲线呈现出波动增长的发展态势。具体来说，可以细分为三个阶段：①缓慢增长阶段（1952～1977 年）——能源资源消费量持续缓慢增加，年均增量为 41.3 万 t ce；②加速增长阶段（1978～1999 年）——能源资源消费量增长速度加快，年均增量为 71.2 万 t ce；③快速增长阶段（2000～2015 年）——能源资源消费量高速增长，年均增量为 599.00 万 t ce，分别是前两个阶段年均增量的 15 倍和 8 倍。

（二）能源消费结构

1. 能源消费比重变化特征

从煤炭资源消费量占能源消费总量的比重来看（图 4-14），中华人民共和国成立以来，煤炭资源在陕西省的能源消费中呈现出减少的发展态势，但是始终占据着绝对主导地位。2000 年以前，陕西省的煤炭资源消费比重始终在 90%以上，2000年以后，其比重下降到 70%左右。由于陕西省煤炭资源的丰富储量和 2005～2015年国际油价的持续上涨，2015 年陕西省的煤炭资源消费量比重较 2005 年又有所增加，其比重由 69%上升到 89%。

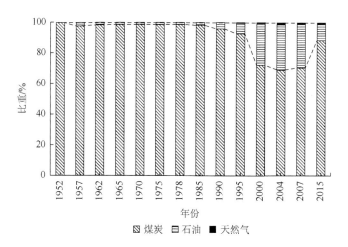

图 4-14　陕西省能源资源消费结构（1952～2015 年）

对石油资源消费来说，陕西省的石油消费比重呈现出明显的增长态势。1978年以前，陕西省的石油资源消费比重保持在 1%左右。1978～2000 年，石油资源消费比重不断上升，但始终在 10%以下，2000～2007 年，石油消费比重迅速上升到 30%左右，而至 2015 年，石油消费量比重大幅降低至 11%。

对天然气资源消费来说，陕西省的天然气消费比重整体上呈现出增长的发展态势。2000 年以前，天然气资源消费比重一直都非常小，2000～2004 年，陕西省的天然气资源消费比重由 0.32%上升到 0.85%；至 2007 年由于煤炭资源消费比重的显著上升，天然气资源消费比重略有下降，其值为 0.69%；2015 年天然气消费量比重略有上升，其值为 0.74%。

需要说明的是，2005～2007 年国际油价的持续上涨和陕西省煤炭资源的丰富储量，该阶段陕西省的煤炭资源消费量有所增加，因此石油和天然气的消费比重呈现出小幅度的下降。

2. 能源消费结构特征

中华人民共和国成立以来，陕西省能源资源占用结构呈现出以煤炭为主导，逐渐多元化和高级化的发展特征。陕西省的煤炭资源消费比重虽然持续下降，但是始终占据着绝对主导地位。2000 年以前，陕西省的煤炭资源消费比重一直保持在 90%左右，石油资源消费比重一直保持在 10%以下，天然气资源消费比重十分微小，可以忽略不计。2000 年以后，陕西省的煤炭资源消费比重也一直保持在 70%左右，石油资源消费比重上升到 30%左右，天然气资源消费比重上升到 0.7%左右，至 2015 年，陕西省的煤炭消费比重达 89%，石油资源消费比重下降到 10.3%，天然气资源消费比重为 0.7%，体现出以煤炭为主导、逐渐多元化和高级化的能源消费结构特征。

（三）陕西省城市化的资源环境基础总结

综合本章对陕西省城市化进程中土地、淡水和能源资源占用情况的研究，本小节对陕西省城市化在 1952 年、1978 年、2000 年、2007 年和 2015 年五个时间断面上的资源环境基础占用量展开分析，结果如图 4-15 所示。

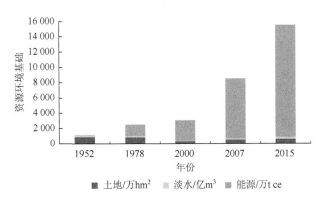

图 4-15 陕西省城市化的资源环境基础占用（1952～2015 年）

各资源要素的量纲不同，仅适用于自身的纵向比较从图 4-15 可以得出，不同类型的资源环境要素在城市化的资源环境基础上具有不同的地位和作用。

（1）水、土传统资源要素的基础性和不可替代性。虽然随着科技的不断进步，信息、技术等知识经济元素在社会经济发展中所起的作用越来越显著，但是城市的生存和发展始终离不开水、土两大传统资源要素的支持。现代城市必需的直接需求、间接需求和诱发需求，都必须由直接、间接和诱发的土地与淡水资源给予供给保障，水、土资源要素的特殊功能和保障作用是技术与其他资源要素不能替代的。1952～2015 年，虽然陕西省的城市土地资源占用总量从 875.2 万 hm^2 减少到 600.7 万 hm^2，减少了 31.4%，1952～2000 年淡水资源占用总量从 201.3 亿 m^3 减少到 90.3 亿 m^3，减少了 55.1%，但是从 2000 年开始，淡水消费量大幅度增加，至 2015 年消费总量达 269.4 亿 m^3，说明陕西省城市发展始终没有摆脱对水、土两大传统资源要素的依赖。而且，从城市的直接资源占用来看，1952～2015 年，陕西省的城市直接占地量增加了 5.7 倍，直接用水量增加了 26.5 倍。

（2）能源资源在现代城市资源消费中的地位日渐突出。与工业化进程密切相关的能源资源占用在现代城市化的资源环境消费中所占的比重越来越大，地位越来越重要。1952～2015 年，陕西省的能源资源消费量从 90.3 万 t ce 增长到 11716.0 万 t ce，增大了 129 倍。

第三节　陕西省城市化与资源环境基础的作用关系

本书将从定性和定量两个方面分析陕西省城市化水平与资源环境基础间的相互关系。首先，从定性的角度，采用 SPSS 软件对陕西省城市化率和土地、淡水及能源资源占用量（1952～2015 年）进行相关分析和回归分析，得到指标间的 Pearson 简单相关系数（r）和决定系数（R^2），并采用双侧检验对相关系数进行显著性检验，以分析城市化水平与各种资源占用量之间的相关程度和作用方向；然后，从定量的角度计算在陕西省城市化的不同发展阶段，单位城市化率对应的土地、淡水和能源资源占用量。

一、城市化水平与资源环境基础的相关分析

通过对 1952～2015 年陕西省的人口、经济和整体城市化水平与土地、淡水及能源资源占用情况的相关分析可知（表 4-12 和表 4-13），对水、土资源来说，陕西省的城市化水平与直接资源占用量的相关性表现得最为显著，受间接资源占用量与直接、诱发资源占用量逆向变化的影响，陕西省城市化水平与土地和淡水资源占用总量的相关性最弱；对能源资源来说，陕西省的城市化水平与能源消费总

量的相关性最为显著，与煤炭消费量的相关性次之。由于天然气的规模化开发和利用始于 20 世纪 70 年代末，因此在研究时段内，陕西省的天然气消费量与城市化水平的相关性表现得最弱。

表 4-12　陕西省城市化率与水、土资源占用的相关系数

指标	直接占用		间接占用		诱发占用		占用总量	
	土地	淡水	土地	淡水	土地	淡水	土地	淡水
人口城市化率	0.864**	0.942**	−0.775**	−0.761**	0.873**	0.835**	−0.662*	−0.539**
经济城市化率	0.916**	0.971**	−0.842**	−0.837**	0.79**	0.742**	−0.769**	−0.651*
整体城市化率	0.947**	0.893**	−0.863**	−0.852**	0.893**	0.847**	−0.762**	−0.635*

注：*表示当指定的显著性水平为 0.05 时，统计检验的相伴概率值小于等于 0.05，即总体无显著性相关的可能性小于等于 0.05；**表示当指定的显著性水平为 0.01 时，统计检验的相伴概率值小于等于 0.01，即总体无显著性相关的可能性小于等于 0.01，即**比*的检验更加精确。表 4-13 同。

表 4-13　陕西省城市化率与能源资源占用的相关系数

指标	煤炭消费	石油消费	天然气消费	能源消费总量
人口城市化率	0.898**	0.879**	0.831**	0.924**
经济城市化率	0.907**	0.781**	0.634*	0.963*
整体城市化率	0.888**	0.851**	0.761**	0.927*

二、城市化水平与资源环境基础的回归分析

对陕西省城市化率和土地、淡水及能源资源占用量（1952～2015 年）的数据进行回归分析，以分析城市化水平与各种资源占用量之间的回归关系和作用方向，计算结果见表 4-14 和表 4-15。

表 4-14　陕西省城市化水平与水、土资源占用量的回归模型

指标	直接占地		直接用水	
	Y	R^2	Y	R^2
人口城市化率	$Y = 12.775\ln x - 29.263$	0.6694	$Y = 13.782\ln x - 31.948$	0.5345
经济城市化率	$Y = 0.8648e^{0.0346x}$	0.9325	$Y = 1\times10^{-6}x^{3.784}$	0.9671
整体城市化率	$Y = 0.4908x - 8.8968$	0.8963	$Y = 20.209\ln x - 62.556$	0.7653

指标	间接占地		间接用水	
	Y	R^2	Y	R^2
人口城市化率	$Y = 0.1193x^3 - 8.6455x^2 + 160.36x - 10.519$	0.6796	$Y = 0.0261x^3 - 1.8771x^2 + 34.561x + 11.66$	0.6692
经济城市化率	$Y = 0.0019x^4 - 0.4633x^3 + 40.384x^2 - 1502x + 20954$	0.9295	$Y = 0.0004x^4 - 0.1026x^3 + 8.9324x^2 - 332.02x + 4638.5$	0.9244
整体城市化率	$Y = 0.0753x^3 - 8.7604x^2 + 292.98x - 2055.6$	0.934	$Y = 0.0166x^3 - 1.9263x^2 + 64.226x - 439.85$	0.9319

指标	诱发占地		诱发用水	
	Y	R^2	Y	R^2
人口城市化率	$Y = 0.369x^2 - 10.872x + 90.488$	0.9123	$Y = 0.0065x^3 - 0.3798x^2 + 7.7191x - 47.409$	0.9225
经济城市化率	$Y = 0.0106e^{0.1144x}$	0.9481	$Y = 0.0038e^{0.1104x}$	0.9331
整体城市化率	$Y = 0.0754e^{0.1446x}$	0.7063	$Y = 0.0259e^{0.139x}$	0.6893

指标	占地总量		用水总量	
	Y	R^2	Y	R^2
人口城市化率	$Y = 0.1308x^3 - 9.1506x^2 + 170.16x - 63.822$	0.6304	$Y = 0.0329x^3 - 2.2749x^2 + 43.343x - 42.877$	0.6482
经济城市化率	$Y = 0.0022x^4 - 0.5277x^3 + 45.852x^2 - 1702.6x + 23621$	0.9098	$Y = 0.0036x^3 - 0.6907x^2 + 40.672x - 540.83$	0.5500
整体城市化率	$Y = 0.0799x^3 - 9.0844x^2 + 302.07x - 2141.9$	0.9204	$Y = 0.0185x^3 - 2.0833x^2 + 69.481x - 496.66$	0.9190

表 4-15　陕西省城市化水平与能源资源占用量的回归模型

指标	煤炭资源占用量	
	Y	R^2
人口城市化率	$Y = -0.0104x^4 + 1.7953x^3 - 85.797x^2 + 1658.3x - 9853.2$	0.8085
经济城市化率	$Y = 0.0725x^3 - 10.789x^2 + 571.88x - 9993.4$	0.8680
整体城市化率	$Y = 0.0343x^4 - 5.2914x^3 + 294.81x^2 - 6841.7x + 55584$	0.9021

指标	石油资源占用量	
	Y	R^2
人口城市化率	$Y = 0.0242e^{0.2919x}$	0.7822
经济城市化率	$Y = 0.0002e^{0.1718x}$	0.9443
整体城市化率	$Y = 0.0017e^{0.242x}$	0.9409

续表

指标	天然气资源占用量	
	Y	R^2
人口城市化率	$Y = 0.0024x^3 - 0.0905x^2 + 0.8158x - 0.2052$	0.9553
经济城市化率	$Y = $ 移动平均	—
整体城市化率		—

指标	能源占用总量	
	Y	R^2
人口城市化率	$Y = 0.328x^3 - 17.752x^2 + 409.04x - 2547.7$	0.8680
经济城市化率	$Y = 5.8151e^{0.0787x}$	0.9546
整体城市化率	$Y = 0.0755x^3 - 5.1335x^2 + 175.22x - 2026.1$	0.9326

通过对城市化率和城市的资源环境基础（1952～2015 年）的回归分析可知，陕西省的城市化水平与土地、淡水和能源资源的消费量之间呈现出不同的作用关系。

（1）对水、土资源来说，陕西省的城市化水平与直接资源占用量和诱发资源占用量呈正相关关系，与间接资源占用量和资源占用总量呈阶段性变化。1952～2015 年，陕西省的城市化水平与土地、淡水两种资源的占用量之间表现出相似的特征（图 4-16 和图 4-17），即城市化水平与直接资源占用量、诱发资源占用量呈

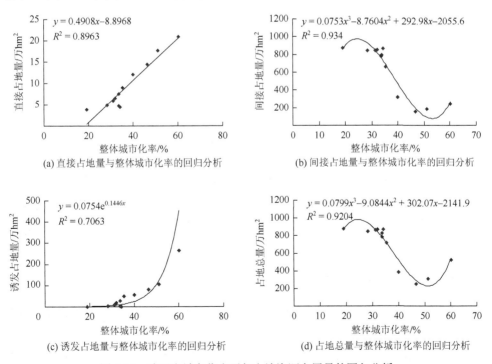

(a) 直接占地量与整体城市化率的回归分析

(b) 间接占地量与整体城市化率的回归分析

(c) 诱发占地量与整体城市化率的回归分析

(d) 占地总量与整体城市化率的回归分析

图 4-16　陕西省城市化水平与土地资源占用量的回归分析

正相关关系，随着城市化水平的提高，直接资源占用量和诱发资源占用量均有所增加；城市化水平与间接资源占用量和资源占用总量呈现出阶段性变化的特征，即以城市化率达到某一水平为界（人口城市化率达到 35%，经济城市化率达到 75%，整体城市化率达到 55%），之前城市化水平与间接资源占用量和资源占用总量呈负相关关系，之后呈正相关关系。

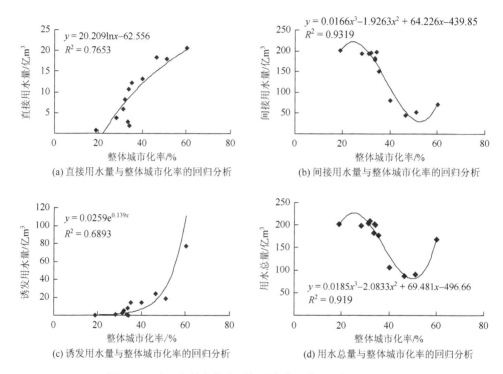

图 4-17　陕西省城市化水平与淡水资源占用量的回归分析

（2）对能源资源来说，陕西省的城市化水平与煤炭、石油、天然气消费量均呈正相关关系，当城市化水平达到一定阶段时（人口城市化率达到 30%，经济城市化率达到 75%，整体城市化率达到 50%），各项能源消费量增速加快，能源消费总量增长迅速（图 4-18）。

三、单位城市化率的资源环境基础

从定量的角度计算在陕西省城市化的不同发展阶段，单位城市化率对应的土地、淡水和能源资源占用量。主要结论如下：

（1）对水、土资源来说，1952 年以来陕西省单位城市化率对应的土地、淡水两种资源的变化量表现出相似的特征。随着城市化进程的推进，在陕西省城市化

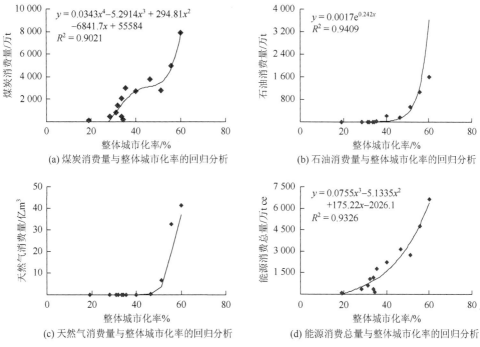

图 4-18　陕西省城市化水平与能源资源占用量的回归分析

的不同阶段，单位城市化率对应的水、土资源占用量呈现出类似的变化规律：直接资源占用量波动变化，但是变化幅度较小；间接资源占用量由负变正，变化剧烈；诱发资源占用量持续增加，在城市化的初始和一般发育阶段增幅较缓，在高速推进阶段增长迅速。值得注意的是，进入城市化高速推进阶段后，单位城市化率对应的直接资源占用量、间接资源占用量和诱发资源占用量均变为正值，表明城市的发展对资源环境要素的消费需求全面增大（表 4-16 和表 4-17）。

表 4-16　不同城市化阶段单位城市化率对应的土地资源占用量

城市化阶段	时间段	城市化类型	直接占地量 /万 hm²	间接占地量 /万 hm²	诱发占地量 /万 hm²	用地总量/万 hm²
Ⅰ初始发育 阶段	1952～1978 年	人口城市化	0.63	-13.42	4.66	-8.13
		经济城市化	0.11	-2.27	0.79	-1.37
		整体城市化	0.25	-5.39	1.87	-3.26
Ⅱ一般增长 阶段	1979～1999 年	人口城市化	0.64	-58.91	4.87	-53.40
		经济城市化	0.70	-64.53	5.34	-58.50
		整体城市化	0.54	-50.08	4.14	-45.39
Ⅲ高速推进 阶段	2000～2015 年	人口城市化	2.75	30.05	67.64	100.44
		经济城市化	1.01	11.01	24.77	36.79
		整体城市化	1.66	18.19	40.93	60.78

注：表中各项土地资源占用量是指城市化率每增长一个百分点对应的土地资源占用增量。

表 4-17　不同城市化阶段单位城市化率对应的淡水资源占用量

城市化阶段	时间段	城市化类型	直接用水量 /亿 m³	间接用水量 /亿 m³	诱发用水量 /亿 m³	用水总量/亿 m³
I 初始发育阶段	1952~1978年	人口城市化	1.69	−2.94	1.38	0.12
		经济城市化	0.28	−0.50	0.23	0.02
		整体城市化	0.68	−1.18	0.55	0.05
II 一般增长阶段	1979~1999年	人口城市化	0.48	−8.62	0.71	−7.43
		经济城市化	0.53	−9.49	0.78	−8.18
		整体城市化	0.41	−7.46	0.61	−6.43
III 高速推进阶段	2000~2015年	人口城市化	5.29	17.12	39.14	61.54
		经济城市化	1.94	6.27	14.33	22.54
		整体城市化	3.20	10.36	23.68	37.24

注：表中各项淡水资源占用量是指城市化率每增长一个百分点对应的用水消费增量。

（2）对能源资源来说，随着城市化速度的加快、水平的提高和能源消费结构的多元化，在陕西省城市化的不同阶段，单位城市化率增量对应的能源资源占用量呈现出不同的变化特征。煤炭消费量先减后增，在能源消费总量中的优势明显；石油和天然气消费量持续增加；能源消费总量整体上呈现出不断增加的发展态势。值得注意的是，进入城市化高速推进阶段后，单位城市化率对应的煤炭、石油和天然气消费量均大幅度增加，平均增幅达到城市化一般增长阶段的 13 倍（表 4-18）。

表 4-18　不同城市化阶段单位城市化率对应的能源资源占用量

城市化阶段	时间段	城市化类型	煤炭消费量/万 t	石油消费量/万 t	天然气消费量/亿 m³	能源消费总量/万 t ce
I 初始发育阶段	1952~1978年	人口城市化	337.33	1.76	0.0020	182.35
		经济城市化	56.98	0.30	0.0003	30.80
		整体城市化	135.36	0.71	0.0007	73.17
II 一般增长阶段	1979~1999年	人口城市化	43.30	34.00	0.443	104.14
		经济城市化	47.64	37.41	0.4875	114.59
		整体城市化	37.46	29.42	0.3833	90.10
III 高速推进阶段	2000~2015年	人口城市化	5364.02	237.53	23.23	2917.87
		经济城市化	1964.63	87.00	8.51	1068.70
		整体城市化	3245.95	143.73	14.06	1765.70

注：表中的各项能源消费量是指经济城市化率增长一个百分点对应的能源消费增量。

本 章 小 结

1. 陕西省城市化进程的时间特征

（1）阶段性。依据城市化的演变速度和方向，陕西省的城市化进程可以细分为三个阶段，即初始发育阶段（1949～1978年）、一般快速发展阶段（1979～1999年）和高速推进阶段（2000～2015年）。

（2）经济城市化在陕西省的进程中起着主导作用，对整体城市化曲线走势的影响最显著。

（3）经济城市化水平始终领先于人口城市化水平，在陕西省城市化的初始发育、一般快速发展和高速推进的阶段，经济城市化率分别平均高出人口城市化率19、31和37个百分点。

（4）从全国范围的比较来看，陕西省的城市化进程整体上滞后于全国平均水平。2000年以后，陕西省城市化进程显著加快，与全国均值的差距逐渐缩小。

2. 陕西省城市化的土地、淡水资源占有特征

（1）从数量和结构变化来看，陕西省城市化的水、土资源直接占用量呈波动性变化，但是变动幅度较小，间接资源占用量迅速减少，诱发占用量持续增加，水、土资源占用结构由以间接占用为主体的"纺锤形"结构，逐渐演变为诱发占用占优势的倒"金字塔形"结构。

（2）从城市化水平与水、土资源占用量的相关性来看，陕西省的城市化水平与直接水、土资源占用量的相关性表现得最为显著，受间接资源占用量与直接资源占用量、诱发资源占用量逆向变化的影响，陕西省的城市化水平与水、土资源占用总量的相关性表现得最弱。

（3）从城市化水平与水、土资源占用量的相关关系来看，陕西省的城市化水平与直接资源占用量和诱发资源占用量呈正相关关系，与间接资源占用量和资源占用总量呈阶段性变化，即以城市化率达到某一水平为界（人口城市化率达到35%，经济城市化率达到75%，整体城市化率达到55%），之前城市化水平与间接资源占用量和资源占用总量呈负相关关系，之后呈正相关关系。

（4）从单位城市化率对应的土地、淡水资源占用量来看，在陕西省城市化的初始发育阶段和一般快速发展阶段，单位城市化率对应的直接资源占用量、诱发资源占用量为正值，间接资源占用量均为负值，表示随着城市化水平的提高，用以满足城市居民"立身"之需和"环境"之需的直接资源占用量和诱发资源占用量不断增加，用以满足"果腹"之需的间接资源占用量不断减少。进入城市化高速推进阶段后，单位城市化率对应的直接资源占用量、间接资源占用量和诱发资源占用量均为正值，表明城市的发展对资源环境要素的消费需求全面增大。

3. 陕西省城市化进程中能源资源占用的主要特征

（1）从数量和结构变化来看，1952～2015 年，陕西省的城市煤炭、石油和天然气消费量整体上均出现了增长。2000 年以后，各种能源资源的消费增速明显加快；在结构上，陕西省的城市能源消费表现出"以煤为主，煤退油（气）进"、逐渐多元化的演变特征。

（2）从城市化水平与能源资源占用量的相关性来看，陕西省的城市化水平与能源消费总量的相关性最为显著，与煤炭消费量的相关性次之。由于陕西省天然气的规模化开发和利用始于 20 世纪 70 年代末，因此在研究时段内（1952～2015 年），陕西省的天然气消费量与城市化水平的相关性表现得最弱。

（3）从城市化水平与能源资源占用量的相关关系来看，陕西省的城市化水平与煤炭、石油、天然气消费量均呈正相关关系，当城市化水平达到一定阶段时（人口城市化率达到 30%，经济城市化率达到 75%，整体城市化率达到 50%），各类能源消费量增速加快，能源消费总量增长迅速。

（4）从单位城市化率对应的能源资源占用量来看，随着城市化进程由初始发育阶段，向一般快速发展和高速推进阶段演进，陕西省单位城市化率对应的煤炭消费量先减后增，石油和天然气消费量持续增加，能源消费总量整体上呈现出不断增加的发展态势。进入城市化高速推进阶段后，单位城市化率对应的煤炭、石油和天然气消费量均大幅度增加。

4. 不同资源要素在现代城市化的资源环境基础上有着不同的地位

综合本章对省域尺度下陕西省城市化的资源环境基础的研究，可以发现不同资源要素在现代城市化的资源环境基础上有着不同的地位，即水、土两大传统资源要素在现代城市发展的资源消费中依然具有显著的基础性和不可替代性，与工业化进程密切相关的能源资源在城市资源消费中的地位越来越重要。

第五章 典型城市城市化的资源环境基础

第一节 典型城市的城市化进程

城市单体是区域城市化发育的基本单元和节点,尤其是在人口、经济和软实力上都具备相对优势的区域中心城市,对区域城市化的发育更是具备不可替代的主导作用。因此,本章分别选取了陕北、关中和陕南三个区域的中心城市,即榆林市、西安市和汉中市作为研究对象进行纵向与横向的比较研究(表 5-1)。目的在于探讨在不同的资源环境、历史人文背景下,处于不同的社会经济发展阶段的城市,在以不同类型的资源开发为主要驱动力的城市化进程中,城市发展对资源环境消耗状况的异同。

表 5-1 典型城市基本情况对照表(2015 年)

指标	单位	榆林市	西安市	汉中市
气候	—	温带半干旱气候	暖温带半湿润气候	亚热带湿润气候
总面积	km²	42 921.1	10 106.2	27 091.9
建成区面积	km²	64	501	42
常住人口	万人	340.11	870.56	343.81
市镇人口	万人	187.06	635.68	110.05
常住人口密度	人/km²	79	861	143
非农业人口比重	%	44	63	41
GDP	亿元	2 491.88	5 801.20	1 059.61
单位 GDP 能耗	tce/万元	2.426	0.470	0.899
人均 GDP	元	73 453	66 938	30 849
城市人均可支配收入	元	27 765	33 188	23 625
工业化率	%	59.57	23.73	32.60

资料来源:《西安统计年鉴 2016》《榆林统计年鉴 2016》《汉中统计年鉴 2016》。

一、典型城市概况

(一)榆林市

1. 自然条件与资源赋存

榆林市位于陕西省最北端,地处 107°28′E~111°15′E、36°57′N~9°34′N,东

临黄河，与山西省吕梁市、忻州市两地隔河相望，北依内蒙古自治区，西靠宁夏回族自治区、甘肃省，南接延安市。榆林市地处毛乌素沙漠南缘、黄土高原北端，地势西北高、东南低，海拔为 1000～1500m，东西长为 309km，南北宽为 295km，土地面积为 43 578km^2，占全省总面积的 21.2%，居全省地级市之首。榆林市大致可分为北部风沙草滩地貌、南部黄土丘陵沟壑地貌及西南部黄土梁状低山塬涧丘陵沟壑地貌，各地貌区分别占全市总面积的 36.7%、51.7%、11.6%。榆林市属温带半干旱大陆性季风气候，降水东南多、西北少，年均降水量为 316.4～513.3mm，全市水资源总量为 32.53 亿 m^3，其中自产径流为 26.79 亿 m^3，地下水可开采量为 5.74 亿 m^3。

榆林市的能源矿产资源十分丰富，全市已发现 8 大类 48 种矿产。煤炭资源预计储量为 2714 亿 t，探明储量为 1660 亿 t，神府煤田是世界七大煤田之一。天然气资源预测储量为 50 000 亿 m^3，探明储量为 7474 亿 m^3，是迄今我国陆上探明的最大整装气田，气源主储区在靖边、横山两县（区）。石油资源预测储量为 6 亿 t，探明储量为 3 亿 t，油源主储区在定边县、靖边县、横山区、子洲县。湖盐资源预测储量为 6000 万 t，探明储量为 330 万 t。岩盐资源预测储量为 6 万亿 t，约占全国岩盐总量的 26%，探明储量为 8854 亿 t。此外，还有比较丰富的高岭土、铝土矿、石灰岩、石英砂等资源。

榆林市严重的风蚀沙化和水土流失造成该区生态环境脆弱，自然灾害频繁发生。榆林市是西北黄土高原水土流失最严重的地区之一，土壤养分贫瘠，土地生产力水平很低，2003 年陕西省平均单位面积产量为 2820kg/hm^2，而榆林市仅为 1435.5kg/hm^2。中华人民共和国成立后，榆林市开展了一系列治沙治土的措施，尤其是 20 世纪 90 年代以来全面实施退耕还草、封山禁牧等政策，使自然植被得到一定程度的恢复，水土流失和风蚀沙害有所减轻。

2. 开发历史与社会经济现状

榆林市开发历史悠久，夏商时期即有大量的社会经济活动。唐朝以前，榆林是"森林密布、水草丰美、牛羊塞道"的风景迷人之地。唐朝以后，特别是明清时期大规模农业开发，使榆林的自然环境急剧恶化。革命战争时期，榆林是陕北革命的发祥地，也是陕甘边区的重要组成部分。20 世纪 80 年代，榆林市进入大规模勘探开发阶段，国家和地方先后投入建设资金 300 多亿元，形成以大柳塔为中心的现代化煤炭基地供西煤东运，在靖边县建成亚洲最大的天然气净化装置，在榆林建设全国最大的火电生产基地供西电东送，西气东输已实现向北京市、西安市、银川市等大中城市供气。随着能源矿产资源的开发，榆林市社会经济和航空、公路等基础设施建设也得到了快速的发展。90 年代，榆林市国民经济年均递增 14.3%，超过全国和陕西省的平均增速。

1998 年，国家计划委员会正式批准榆林为国家能源重化工基地。1999 年，榆林撤地建市。2015 年，榆林市辖 1 区 11 县（榆阳区、神木县、府谷县、横山县、靖边县、定边县、绥德县、米脂县、佳县、吴堡县、清涧县、子洲县），总面积为 42 921.1km^2。2015 年底，全市常住人口为 340.11 万人，GDP 为 2491.88 亿元，人均 GDP 为 73 453 元。

（二）西安市

1. 自然条件与资源赋存

西安，古称长安、京兆，位于我国黄河流域中部的关中盆地，位于 107°40′E～109°49′E 与 33°39′N～34°45′N，属于暖温带半湿润的季风气候，年降水量约为 600mm，其南部为秦岭山区，北部为河网密布的渭河平原，东西长约为 204km，南北宽约为 116km，土地面积 10 108km^2，平均海拔为 424m，其中平原面积为 4367km^2，占全市土地面积的 43.2%。西安是中华文明的重要发祥地，先后有周、汉、唐等 13 个王朝和政权在这里建都，是中国封建社会的政治、经济、文化中心和最早对外开放的城市，闻名遐迩的"丝绸之路"即是以西安为起点的。同时，西安也是整个亚洲重要的人类起源地和史前文化中心，是世界四大文明古都之一。

2. 开发历史与社会经济现状

中华人民共和国成立初期，西安市是中央人民政府的直辖市。"一五"时期，西安市是全国重点建设城市，全国 156 项重点建设的项目中有 17 项落户西安市，在全国城市中是最多的。"三线"建设期间，国家在作为战略后方的西安市投资建设了大批国防科技工业和民用大中型企业，许多科研院所、大专院校也内迁至西安市，使西安市的工业化、城市化和现代化水平迅速提高，科研实力大大加强，基础设施也有了相应的改善，成为我国重要的航空、航天、电子、纺织和机械工业基地。2015 年，西安市辖 10 区 3 县（新城区、碑林区、莲湖区、雁塔区、未央区、灞桥区、阎良区、临潼区、长安区、高陵区、周至县、户县、蓝田县）。总面积为 10 108km^2，常住人口为 870.56 万人，GDP 为 5801.20 亿元，人均 GDP 为 66 938 元。西安市是西北地区工业、商业、金融中心，世界著名的历史文化名城和国际旅游城市，黄河流域及新欧亚大陆桥中国段最大的中心城市。西安市是我国中西部地区最大的科研、高等教育、国防科技工业和高新技术产业基地、全国科技资源统筹试验特区、国家八大物流基地和综合保税区，在机械制造、纺织、电子信息、武器制造和航空航天等产业上具有很强的发展优势。2000 年以来，西安市是我国的国家战略密集区，深入推进西部大开发战略、"关中-天水"经济区、西咸新区（国家级新区）和"一带一路"倡议，均对西安市赋予了核心城市和枢纽城市的重要地位。未来的西安市将是我国西部地区重要的国际化大都市，将面向全球进行资源配置，充分发挥其在区域发展和参与国内外竞争的战略作用，最大限度地释放政策红利。

（三）汉中市

1. 自然条件与资源赋存

汉中市位于陕西省西南部，长江最大支流汉水的上游，位于 106°51′E～107°10′E、33°2′N～33°22′N，与甘肃省、四川省毗邻。汉中市北依秦岭，南临大巴山，中部是汉中盆地，地势南低北高，地貌类型多样。汉中市属于亚热带湿润气候，年均降水量为 871.8mm。区内河网密布，水系均属长江流域，汉江横贯东西，嘉陵江纵穿南北，每平方千米平均河流长度为 1.4～2km。汉中市的水、土和能源等自然资源组合条件十分优越，在生物资源、矿产资源和水能资源上具有较大的开发优势和潜力。

在生物资源方面，由于汉中市在国的南北气候分界线和江河分水岭南缘，其得天独厚的气候和地形造就了植物南北共生的特点与生物种群的多样性，素有"生物资源宝库""天然物种基因库"之称。区内生态环境良好，森林覆盖率达51.2%，有药用植物 1300 多种，杜仲、天麻、附子、川芎、黄檗、元胡等产量占全国 50%以上，是我国重要的药用植物生产基地。有野生动物 280 多种，被列为国家和省级保护的珍稀动物有大熊猫、朱鹮、金丝猴、羚牛等 42 种，其中汉中市独有的朱鹮被列为世界级珍禽。

在矿产资源方面，汉中市地质构造复杂，成矿条件优越，目前发现矿产达 92种，其中具有中型以上规模的有 35 种，潜在经济价值约为 1568 亿元。汉中市境内略阳县、勉县、宁强县三县交界处的"金三角"地带，被李四光先生誉为"中国的乌拉尔"，是我国五大黄金生产基地之一。铁、锰、镍、钛、锌、磷、蛇纹岩、大理石、石膏、石棉等矿产储量也十分可观，为发展黄金、有色金属、钢铁、化工、建材及非金属矿工业奠定了基础。

在水资源方面，汉中市是西北地区水资源最丰富的地区之一。汉中市境内的嘉陵江和汉江两大水系是长江的一级支流，大小支流达 500 余条，全市地表径流量为217.6 亿 m^3，地下水综合补给量为 31.7 亿 m^3，水量占全省 1/3，是国家"南水北调"中线工程的水源地。汉中市境内的水能资源丰富，水能资源蕴藏量为 260 万 kW，可开发量达到 87 万 kW。

2. 开发历史与社会经济

汉中市自古以来就是连接西北与西南、东南的通道，也是辐射四川、陕西、甘肃、湖北的主要物资和信息集散地之一。民国时期，汉中作为入蜀交通枢纽进行了重点建设，抗战时期在战前物资、人力及文物转移入蜀中发挥了重要作用。"三线"建设时期，汉中作为国家的战略重点区域得到了快速的发展，一大批包括军工企业在内的工业项目落户汉中，许多厂矿、科研单位、院校由北京、上海等迁至汉中，促进了汉中的公路、铁路、航空、电力、电信等基础设施建设，也极大地提高了汉中地方社会经济的发展水平。1996年，汉中经国务院批准撤地改市。2015年，汉中全市辖1区10县（汉台区、南郑县、城固县、勉县、洋县、西乡县、宁强县、略阳县、镇巴县、留坝县和佛坪县），总面积为27 091.9km²，常住人口为343.81万人，GDP为1059.61亿元，人均GDP为30 849元。

二、典型城市的城市化进程比较

依据城市化所依赖的资源环境主导要素，本书选取的典型城市的城市化路径可以划分为三种类型：①基于能源资源开发的城市化——榆林市；②基于自然和人文资源综合开发的城市化——西安市；③基于水土和能矿资源开发的城市化——汉中市。本书将从纵向和横向两个维度对这三种不同类型的城市化路径的特征与差异展开对比研究。

（一）纵向比较

中华人民共和国成立以来，在不同的发展阶段，榆林市、西安市和汉中市的城市化进程在方向和水平上有所波动，但是从整体趋势来看，各典型城市的人口、经济和整体城市化均表现出相似的发展过程，且其城市化率呈现出不断增加的发展态势（图5-1）。具体来说，可以细分为以下三个阶段。

1. 波动增长阶段（1949～1978年）

由于"大跃进"运动、三年困难时期、"三线"建设、"上山下乡"等一系列政治、经济、社会和自然因素的影响，此阶段各典型城市的城市化进程表现出显著的脆弱性、政策性和波动性的特征。

2. 一般增长阶段（1979～1999年）

随着改革开放的深入和社会经济的发展，我国的经济元素日趋多元化，人口流动逐渐频繁，城市化已成为我国社会不可逆转的发展趋势。此阶段，各典型城市的城市化水平均呈现出持续增长的发展态势，但是作为发展基础和能力较弱的西部城市，除西安市外，1978 年榆林市和汉中市的城市化水平仍落后于全国平均水平。

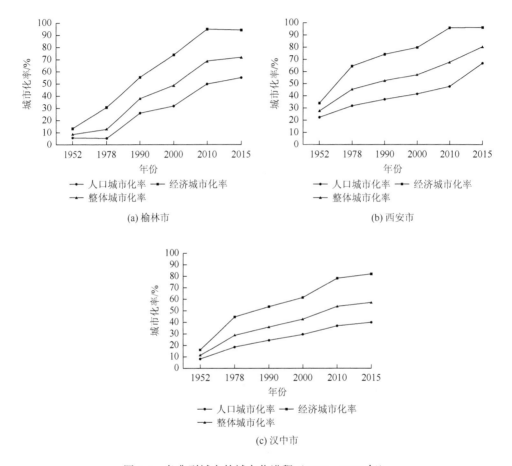

图 5-1　各典型城市的城市化进程（1952～2015 年）

资料来源：1986～2016 年《陕西统计年鉴》、1993～2016 年《西安统计年鉴》、1996～2015 年《榆林统计年鉴》

3. 快速增长阶段（2000～2015 年）

1999 年西部大开发战略实施以来，国家加大了对西部省（自治区）在政策、资金和项目等方面的支持力度，西部地区发展基础和资源要素组合条件最为优越的陕西省进入了社会经济全面快速发展的时期。此阶段，各典型城市的城市化速度大大加快，城市化水平迅速提高，2015 年，榆林市和西安市的整体城市化率超过全国城市化率平均值（63.15%），分别超过 8.84 和 17.10 个百分点；汉中市的整体城市化率低于全国城市化率平均值 5.82 个百分点。

（二）横向比较

从横向比较的角度上来看，中华人民共和国成立以来，基于自然和人文资源综合开发的西安市的城市化水平始终高于其他两座城市（图 5-2）。对比以能源资源开发为主要驱动力的榆林市，与以水土和能矿资源开发为驱动力的汉中市的城市化进程，发现 1990 年之前，汉中市的城市化水平高于榆林市，而 1990 年之后，榆林市的经济城市化率快速提高，城市化水平超过了汉中市。

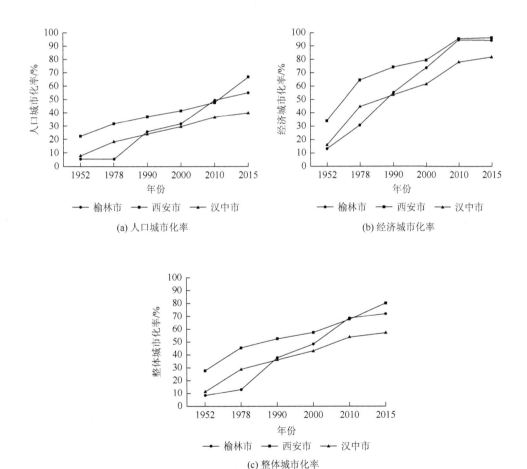

图 5-2　典型城市城市化水平的横向比较（1952～2015 年）

资料来源：1986～2016 年《陕西统计年鉴》、1993～2016 年《西安统计年鉴》、1996～2016 年《榆林统计年鉴》

1. 改革开放之前（1978 年之前）

改革开放之前，汉中市的城市化水平高于榆林市，1952 年，汉中市人口城市化率、经济城市化率和整体城市化率分别高于榆林市 2.62 个、3.04 个和 2.96 个百分点；1952～1978 年，汉中市的社会经济发展与城市化进程速度大大加快，与榆林市的城市化水平差距快速拉大，其整体城市化率由 11.59%提高到 29.09%；至 1978 年，汉中市的人口城市化率、经济城市化率和整体城市化率分别高于榆林市 13.30 个、14.20 个和 16.04 个百分点。这主要是由于汉中市独特的区位条件和重要的战略位置，城市建设和工业经济在中华人民共和国成立以前就有了一定程度的发展。而且由于"三线"建设时期，汉中市作为国家的战略重点区域得到了快速的发展，一大批包括军工企业在内的工业项目落户汉中市，许多厂矿、科研单位、院校由北京市、上海市等迁至汉中市，促进了汉中市的公路、铁路、航空、电力、电信等基础设施建设，也极大地提高了汉中市的城市化水平；而榆林市作为革命老区，中华人民共和国成立前及中华人民共和国初期一直以农业为主，工业基础薄弱，仅有毛纺、皮革、食品加工等少许手工作坊，城市化水平很低。

2. 改革开放初期至今（1978 年至今）

改革开放初期至今榆林市与汉中市的城市化水平差距迅速减小，在 1990 年左右反超汉中市，并持续保持着领先优势。伴随着 1982 年神府东胜煤田的开发，榆林市在产业经济、交通通信基础设施建设等方面迅猛发展，1998 年榆林被批准为国家能源重化工基地。1999 年西部大开发战略实施以来，榆林市与汉中市的社会经济均有了快速的发展，但是榆林市凭借煤炭、天然气等能源资源的开发，连续多年高居陕西省经济增速首位，城市化水平远远高出了汉中市。

第二节　空间溢出视角下典型城市的资源环境基础

依据本章第一节对在陕西省不同区域内选取的典型城市的城市化类型的划分，本书分别对各典型城市在城市化进程中的土地、淡水和能源占用情况展开讨论。为了使各典型城市的资源环境基础占用具有可比较性，本书采用人均资源占用量作为比较指标，以消除城市规模和人口规模的影响。具体方法为核算不同时期各典型城市人均土地、淡水和能源资源的占用情况（其中土地和淡水资源又可以在空间溢出的视角下，依据其功能细分为直接占用、间接占用和诱发占用），并对各典型城市人均资源环境基础占用量的差异性展开对比分析。

一、人均土地资源占用比较

1. 人均直接占地

中华人民共和国成立以来，陕西省各典型城市的人均直接占地均呈现出增长的发展态势（图 5-3）。这主要是由于随着城市化的推进，城市的功能逐渐多元化，市民的生活水平不断提高，城市的交通、通信等基础设施，以及文教娱乐、开放空间等城市公共服务设施不断完备，客观上造成了城市人均直接占地量的增大。

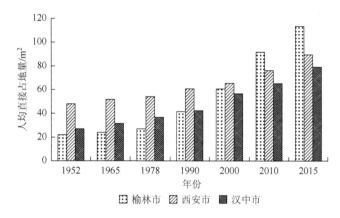

图 5-3　典型城市的人均直接占地（1952～2015 年）

资料来源：1986～2016 年《陕西统计年鉴》、1993～2016 年《西安统计年鉴》、1996～2016 年《榆林统计年鉴》

从各典型城市的分异来看，以能源资源大规模开发为城市化主要驱动力的榆林市变化最为显著。1952 年，榆林市人均直接占地量低于陕西全省平均水平的 $32m^2$，仅为 $22m^2$；20 世纪末以来，随着国家能源重工业基地的建设，榆林市人均直接占地量迅速增加，2015 年达到了 $113.6m^2$，比中华人民共和国成立初期增长了 4.2 倍，成为陕西省人均直接占地量最大的城市。作为陕西省首位度最高的城市，西安市的人均直接占地量一直保持着较高的水平。在 1995 年以前，西安市的城市扩展主要以内涵型为主，人均直接占地量增长较为平缓，由 1952 年的 $48m^2$ 增长到 1990 年的 $60.7m^2$。此后，出于城市发展的需要，西安市采用用地先行的外延型城市化模式，即先通过城市基础设施用地的扩张带来产业的发展，再通过产业的发展吸引人口的集聚，进而推进城市化进程。因此，该时期西安市的人均直接占地量增长迅速，其值由 1995 年的 $60.7m^2$ 增长到 2015 年的 $89.5m^2$。汉中市作为陕南地区的中心城市和水陆交通枢纽城市，自中华人民共和国成立以来就保持着较高的城市建设水平，尤其是交通运输用地量所占比重较大。鉴于其靠近成都市和西安市两座大型城市的区位特征，汉中市对人口的集聚作用又相对较弱。因此，2000 年以前汉中市的人均直接占地量一直高于榆林市。西部大开发战略实施以来，汉中市在水土和矿产资源开发的推动下，城市有了较快的发展，但是发展速度仍落后于西安市和榆林市，其人均直接占地量由 2000 年的 56.5m^2 增加到 2007 年的 79.1m^2。

　　2. 农产品溢出：人均间接占地

　　间接土地资源占用情况主要反映了土地生产能力、城市居民膳食结构的演变及其区域差异。从纵向比较来看，中华人民共和国成立以来，陕西省各典型城市的人均间接土地资源占用量均呈现出先大幅度减少、再小幅度增加的波动发展态势。1952~2015 年，榆林市、西安市和汉中市人均间接占地量分别减少了 1325m^2、750m^2 和 197m^2（图 5-4）。这主要是得益于 20 世纪 70 年代后期以来，我国的牛羊肉产区逐渐向传统农区转移，单位畜产品的占地量迅速减小。2000 年以后，随着城市居民生活质量的提高，谷物食品的摄入量逐渐下降，肉、蛋和奶等动物性食品在居民膳食结构中的比重逐渐增大，造成城市人均间接占地量小幅度增加。

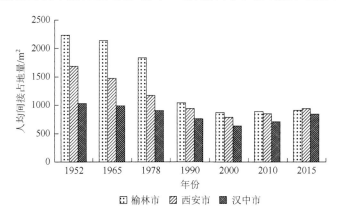

图 5-4　典型城市的人均间接占地（1952~2015 年）

资料来源：1986~2016 年《陕西统计年鉴》、1993~2016 年《西安统计年鉴》、1996~2016 年《榆林统计年鉴》

　　虽然本书所选的各典型城市同在陕西省，但由于各自迥然不同的气候、地貌、土壤、水文条件和风俗传统，形成了差异显著的膳食结构。榆林市居民以面食为主要谷物类食品，且有喜食牛、羊肉的传统，而西安市和汉中市的居民则分别以面食和米饭为主要谷物类食品。由于水稻的单位面积产量始终高于小麦（1949 年以来，陕西省水稻单位面积产量平均为小麦单位面积产量的 2.2 倍），榆林市和西安市的人均间接土地占用量始终高于汉中市。

　　同时，由于榆林市居民喜食牛、羊肉，单位畜产品占地量的变动对其人均间接占地量的变化影响较大。中华人民共和国成立初期，我国草场的生产能力很弱，榆林市人均间接占地量居高不下；20 世纪 80 年代以来，随着我国畜产品产区向传统农区转移，单位畜产品占地量锐减，榆林市的人均间接占地量也迅速减少。

3. 环境溢出用地：人均诱发占地

诱发土地资源占用量主要反映了人类活动对区域生态环境的影响程度。从纵向比较上来看，从中华人民共和国成立至 2000 年，陕西省各典型城市的人均诱发占地量均呈现出持续增长的发展态势。2000 年以后，西安市人均诱发占地量小幅度波动变化，由 2000 年的 1639m^2 下降到 2015 年的 1519m^2；汉中市和榆林市的人均诱发占地量持续上升，分别由 2000 年的 1877m^2 和 1321m^2，上升到 2015 年的 2062m^2 和 1910m^2（图 5-5）。

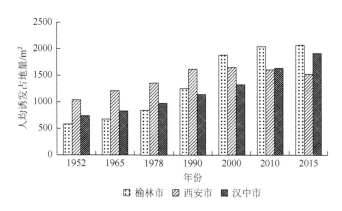

图 5-5　典型城市的人均诱发占地（1952～2015 年）

资料来源：1986～2016 年《陕西统计年鉴》、1993～2016 年《西安统计年鉴》、1996～2016 年《榆林统计年鉴》

从横向比较的角度来看，以能源资源大规模开发为城市化主要驱动力的榆林市的人均诱发占地量变化得最为显著。1952 年，榆林市以农业为主导的产业结构和落后的城市发展水平使其人均诱发占地量居于典型城市中的末位。此后，榆林市的人均诱发占地量持续增长，尤其是 1985 年以来，其人均诱发占地量增速加快，年均增量达到 60m^2。2000 年左右，榆林市人均诱发占地量超过西安市，成为人均诱发占地量最大的城市。西安市的人均诱发占地量表现出"增-降-增"的波动变化态势。20 世纪 90 年代末，为响应国家节能减排的号召，西安市从产业结构、增长方式、技术革新等方面采取了一系列措施进行调整，人均诱发占地量有所下降。但是随着近年来国际油价的持续上涨，高碳排放系数的煤炭作为陕西省的优势能源，在能源消费结构中的比重持续上升。加上居民生活水平的提高，私家车的逐渐普及，西安市的人均诱发占地量难以明显降低。与榆林市类似，以水、土资源和矿产资源开发为城市化的主要驱动力的汉中市，其人均诱发占地量也呈现出持续增加的发展态势，只是增长速度和幅度小于榆林市。西部大开发战略实施以来，汉中市的金属矿产资源开发得到迅速扩大，社会经济全面快速发展，2010年其人均诱发占地量首次超过了西安市，达到 1632m²。

4. 人均占地总量与结构

由图 5-6 可知，1952 年以来，榆林市的人均占地总量呈现出先减后增的变化趋势。20 世纪 90 年代以后，伴随着能源资源的大规模开发，榆林市成为陕西省各典型城市中人均占地量最大的城市，2015 年其人均占地量达到 4408m²，分别高出西安市和汉中市 1121m² 和 1396m²。西安市的人均占地总量呈现出波动变化的发展趋势，中华人民共和国成立初期至 20 世纪 90 年代，西安市的人均占地总量平稳下降，但仍居各典型城市的首位（表 5-2）。此后，随着技术的进步，经济结构和消费结构的调整，西安市人均占地总量有所下降。2000 年以后，伴随着经济的发展和城市的扩张，西安市的人均占地总量表现出上升的发展势头，但是仍低于榆林市。汉中市的人均占地总量在中华人民共和国成立初期远低于其他两座城市，其值为 1897m²。此后，汉中市的人均占地总量持续增长，2000 年以前增速缓慢，年均增量为 4.2m²，2000 年以后增速迅速加快，年均增量达到 63m²。

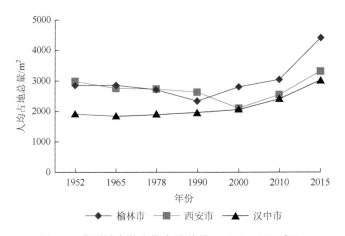

图 5-6　典型城市的人均占地总量（1952～2015 年）

资料来源：1986～2016 年《陕西统计年鉴》、1993～2016 年《西安统计年鉴》、1996～2016 年《榆林统计年鉴》

表 5-2　典型城市的人均占地总量排序（1952～2015 年）

排序	1952 年	1978 年	1990 年	2000 年	2015 年
I	西安市	西安市	西安市	榆林市	榆林市
II	榆林市	榆林市	榆林市	西安市	西安市
III	汉中市	汉中市	汉中市	汉中市	汉中市

资料来源：1986～2016 年《陕西统计年鉴》、1993～2016 年《西安统计年鉴》、1996～2016 年《榆林统计年鉴》。

从结构来看，由表 5-3 可知，中华人民共和国成立以来，陕西省各典型城市的人均占地结构与省域尺度下陕西省的人均占地结构表现出相似的演变特征，即人均直接占地比重持续增加，但所占份额较小，始终在 4% 以内；人均间接占地比重持续显著下降，人均诱发占地比重快速上升，城市人均诱发占地比重与人均间接占地比重逐渐趋于均衡；2000 年左右人均诱发占地超过城市人均间接占地，成为城市人均占地中份额最大的用地类型。

表 5-3　各典型城市的人均占地结构（1952～2015 年）　　　（单位：%）

地区	1952 年			1978 年			2000 年			2015 年		
	直接占地	间接占地	诱发占地	直接占地	间接占地	诱发占地	直接占地	间接占地	诱发占地	直接占地	间接占地	诱发占地
榆林市	0.8	78.7	20.5	1.0	68.1	30.9	2.2	42.9	54.9	2.6	50.6	46.8
西安市	1.6	71.8	26.6	2.0	57.1	40.9	3.4	38.6	58.0	2.5	51.3	46.2
汉中市	1.4	68.5	30.1	1.9	53.2	44.9	2.7	34.4	62.9	2.3	34.3	63.4

二、人均淡水资源占用比较

1. 人均直接用水

城市直接用水主要是由城市工业用水和城市生活用水两部分组成的。从纵向比较的角度来看，20 世纪 90 年代之前，西安市、汉中市和榆林市的人均直接用水量呈现出相同的发展态势，即持续增加；此后，西安市和汉中市的人均直接用水量持续减少，榆林市的人均直接用水量呈现出先减后增的波动变化趋势（图 5-7）。

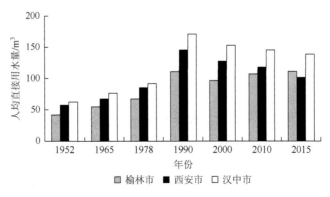

图 5-7　典型城市的人均直接用水（1952～2015 年）

这主要是由于在中华人民共和国成立之初至改革开放以前，陕西省的工业化水平和城市居民的生活水平较低，城市取供水基础设施不完备，因此各典型城市的城市居民人均直接用水量都停留在较低的水平。1978 年至 20 世纪 90 年代初，随着社会经济的发展，一方面各城市的工业化水平不断提高，城市工业用水量持续增大；另一方面，城市人均生活用水定额随着城市居民生活水平的提高不断增长，城市生活用水量持续增大，而此阶段陕西省的人口城市化进程相对滞后，因此表现在人均直接用水上，各典型城市的人均直接用水量均迅速增长。1990 年以后，各典型城市人均直接用水量的变化趋势主要是以下几种作用力互相博弈的结果（图 5-8）：①城市产业发展、产业结构调整和产业布局的空间组织；②工业节水技术的进步、推广和用水结构的调整促使工业用水量减少；③城市生活水平提高，居民人均生活用水量持续增大；④人口城市化进程加快，城市常住人口迅速增加。在该时期内，西安市正处于工业化的中后期阶段，产业结构不断得到升级和优化，人均直接用水量的负驱动力起主导作用；而榆林市和汉中市分别处于以能源资源开发为主导，与以金属矿产资源开发为主导的工业化快速推进阶段，对节水技术和工艺的掌握程度低，应用能力差，工业用水量增长迅速。同时，城市对周边腹地人口的集聚效应也相对较弱，因此城市人均直接用水量呈现出先小幅度减少，又有所增加的波动变化趋势。

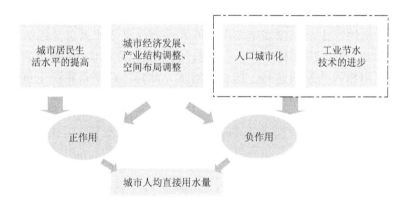

图 5-8　城市人均直接用水量变化的作用力

从横向比较的角度来看，淡水资源最为丰富，拥有电镀、印染、钢铁、造纸和洗矿等高耗水产业的汉中市的人均直接用水量始终高于其他两座城市，1952 年、1990 年和 2015 年其值分别高出榆林市和西安市 $21m^3$、$5m^3$、$61m^3$ 和 $26m^3$、$28m^3$、$37m^3$。中华人民共和国成立以来的大部分时间，属于半干旱气候的榆林市的人均直接用水量都是典型城市中最低的。2000 年以后，随着国家能源重工业基地建设的开展，榆林市的人均工业用水量迅速增大，人均直接用水量也随之增加。2015 年，榆林市的人均直接用水量超过西安市，达到 $111m^3$。

2. 农产品溢出：人均间接用水

从纵向比较的角度来看，榆林市、西安市和汉中市的人均间接用水量呈现出相似的发展态势，即先大幅度减少，再小幅度增加（图5-9）。中华人民共和国成立初期至1990年，榆林市、西安市和汉中市的人均间接用水量分别由1021m³、1847m³和2689m³，锐减到521m³、676m³和837m³。此后，各典型城市的人均间接用水量波动变化较小。随着城市居民生活水平的提高，人均间接用水量在2004年以后呈现出小幅度的增加。

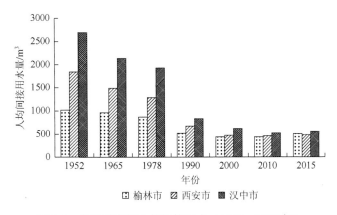

图5-9　典型城市的人均间接用水（1952～2015年）

从横向比较的角度来看，各典型城市的人均间接用水量始终保持着"汉中市＞西安市＞榆林市"的数量关系，但是三者之间的差距逐渐减小。1952年，汉中市的人均间接用水量分别高出榆林市和西安市1668m³和842m³；2015年，该差距缩减到46m³和75m³。这主要是由于社会经济的发展、生产技术的进步和基础设施的完备促使社会物质财富的积累速度加快、积累程度提高，区域间的物资交流也日趋便捷和频繁，城市居民膳食水平的区域差距逐渐弱化，只是因为饮食习惯和偏好的不同使各城市居民的膳食结构略有差异。

3. 环境溢出：人均诱发用水

从纵向比较的角度来看，2000年之前，西安市、汉中市和榆林市的人均诱发用水量呈现出相同的持续增长的发展态势；2000年之后，鉴于城市功能转型的需要，西安市采取了产业结构调整、空间布局优化、清洁化节能化改造和能源结构调整等一系列措施，促使城市人均诱发用水量出现了小幅度的减少，而处在以重工业为主导的工业化加速阶段的榆林市和汉中市的人均诱发用水量则呈现出不断增加的发展态势（图5-10）。

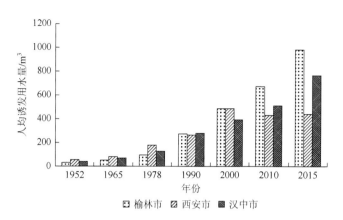

图 5-10　典型城市的人均诱发用水（1952～2015 年）

从横向比较的角度来看，榆林市的人均诱发用水量起点最低，增速最快，增幅也最大，2000 年后人均诱发用水量跃居首位；除 1990～2000 年，汉中市的人均诱发用水量始终居中；西安市的人均诱发用水量起点最高，但呈现出先增后减的发展趋势，2000 年后人均诱发用水量跌至末位。

4. 人均用水总量与结构

由图 5-11 可知，中华人民共和国成立初期至 20 世纪 90 年代初，各典型城市的人均用水总量均呈现出不断减少的发展态势，1952～1990 年，榆林市、西安市和汉中市的人均用水总量分别下降了 $188m^3$、$877m^3$ 和 $1509m^3$。90 年代以后，各典型城市的人均用水总量表现出不同的变化趋势。伴随着能源资源的大规模开发，榆林市的人均用水总量迅速增大，2010 年榆林市成为陕西省各典型城市中人均用水总量最大的城市（表 5-4）。2015 年榆林市人均用水总量达到 $1609m^3$，分别高出西安市和汉中市 $577m^3$ 和 $143m^3$；西安市的人均用水总量稳中有降，其值由 1990 年的 $1086m^3$ 小幅度下降到 2015 年的 $1032m^3$，成为人均用水总量最小的城市；汉中市的人均用水总量则是稳中有升，其值由 1990 年的 $1287m^3$ 上升到 2015 年的 $1466m^3$。

表 5-4　典型城市的人均用水总量排序（1952～2015 年）

排序	1952 年	1978 年	1990 年	2010 年	2015 年
I	汉中市	汉中市	汉中市	榆林市	榆林市
II	西安市	西安市	西安市	汉中市	汉中市
III	榆林市	榆林市	榆林市	西安市	西安市

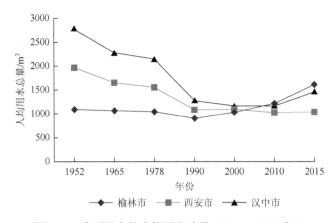

图 5-11　典型城市的人均用水总量（1952～2015 年）

　　从结构来看，中华人民共和国成立以来，陕西省各典型城市的人均用水结构与省域尺度下陕西省的人均用水结构表现出相似的演变特征，即人均直接用水比重持续增加，但所占份额较小，始终在 14% 以内；人均间接用水比重持续显著下降，人均诱发用水比重快速上升，二者逐渐趋于均衡，并在 2000 年左右超过城市人均间接用水，成为城市人均用水中份额最大的类型（表 5-5）。

表 5-5　各典型城市的人均用水结构（1952～2015 年）　　（单位：%）

地区	1952 年			1978 年			2000 年			2015 年		
	直接用水	间接用水	诱发用水	直接用水	间接用水	诱发用水	直接用水	间接用水	诱发用水	直接用水	间接用水	诱发用水
榆林市	3.8	93.2	2.9	6.4	84.1	9.5	9.5	43.1	47.5	6.9	32.0	61.1
西安市	3.0	94.1	3.0	5.5	82.8	11.7	11.7	44.0	44.4	9.9	47.1	43.0
汉中市	2.3	96.2	1.6	4.3	89.8	5.9	13.1	53.5	33.4	9.5	38.3	52.3

三、人均能源资源占用比较

　　从横向比较的角度来看，典型城市的人均能源消费中，1952～1978 年的排序为"西安市＞汉中市＞榆林市"，1978 年以后，随着能源资源的大规模开发，榆林市的人均能源消费量迅速增大，排序变更为"榆林市＞西安市＞汉中市"（表 5-6）。从纵向演变来看，中华人民共和国成立以来，陕西省各典型城市的人均能源消费量整体呈现出增加的发展态势（图 5-12）。其中，榆林市的城市人均能源消费量持续增长，且 20 世纪 80 年代以后，增长的速度非常快，2000～2015 年年均增量达到 297kg ce；西安市的城市人均能源消费量呈"增—降—增—降—增"的波动增长态势，1952～2015 年，其值由 1068kg ce 增长到 3370kg ce；汉中市的城市人均能源消费量变化较小，1952～2000 年，其值由 693kg ce 增长到 992kg ce，2000 年以后，汉中市的城市人均能源消费量增速加快，2015 年其值达到 3241kg ce。

表 5-6　典型城市的人均能源消费量排序（1952～2015 年）

排序	1952 年	1978 年	1990 年	2000 年	2015 年
I	西安市	西安市	榆林市	榆林市	榆林市
II	汉中市	汉中市	西安市	西安市	西安市
III	榆林市	榆林市	汉中市	汉中市	汉中市

资料来源：1986～2016 年《陕西统计年鉴》、1993～2016 年《西安统计年鉴》、1996～2016 年《榆林统计年鉴》。

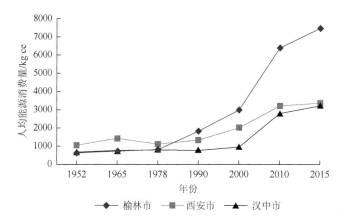

图 5-12　典型城市的人均能源消费量（1952～2015 年）

资料来源：1986～2016 年《陕西统计年鉴》、1993～2016 年《西安统计年鉴》、1996～2016 年《榆林统计年鉴》

四、典型城市人均资源环境基础综合比较

综合以上对陕西省各典型城市的人均土地、淡水和能源资源占用情况的研究，本书对其在 1952 年、1978 年、2000 年和 2015 年四个时间断面上的人均资源环境基础占用量进行纵向和横向比较（图 5-13），主要结论如下。

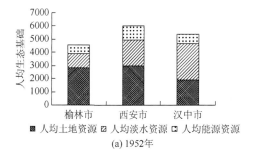

(a) 1952年

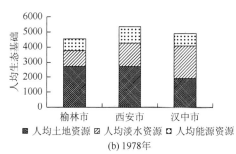

(b) 1978年

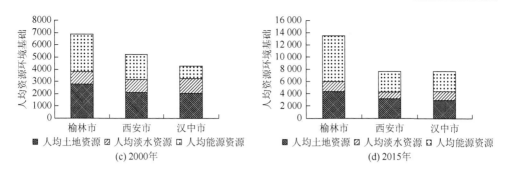

图 5-13 典型城市的人均资源环境基础（1952～2015 年）

各资源要素的量纲不同（人均土地资源单位为 m²，人均淡水资源单位为 m³，人均能源资源单位为 kg ce），仅适用于自身的纵向比较

（1）纵向比较的结果与第四章中省域尺度下的研究结论类似。陕西省各典型城市的人均土地、淡水和能源资源在城市化进程中的演变情况反映了不同的资源类型在城市发展保障中有着不同的地位，即水、土两大传统资源要素在现代城市发展的资源保障中依然具有显著的基础性和不可替代性，而与工业化进程密切相关的能源资源也具有越来越重要的地位。

（2）从各典型城市的横向比较来看，基于自然和人文资源综合开发的西安市的城市化所占用的人均资源环境基础最小，以单一能源资源开发作为主要驱动力的榆林市城市化所占用的人均资源环境基础最大，以水土和矿产资源初级开发为主要驱动力的汉中市城市化所占用的人均资源环境基础居中。1952～1978 年城市人均资源环境占用量的排序为"西安市＞汉中市＞榆林市"，2000 年该排序演变为"榆林市＞西安市＞汉中市"。此后，随着西安市城市功能的转型，汉中市冶金、工矿等高能耗、高水耗产业的快速发展，2015 年典型城市的城市人均生态占用量排序演变为"榆林市＞汉中市＞西安市"，但是西安和汉中市的差距较小。

本 章 小 结

1. 典型城市城市化进程特征

（1）从类型来看，依据推进城市化的主导资源要素，本书在陕西省内选取的典型城市的城市化可以划分为三种类型：①基于单一能源资源开发的城市化——榆林市；②基于自然和人文资源综合深度开发的城市化——西安市；③基于水、土和矿产资源初级开发的城市化——汉中市。

（2）从纵向比较的角度来看，中华人民共和国成立来，榆林市、西安市和汉中市的城市化进程在不同的发展时期存在方向与水平上的差异及波动变化。但是从整体趋势来看，各典型城市的人口城市化、经济城市化和整体城市化均呈现出增长的发展态势，而且表现出相似的阶段性特征，即可以细分为波动增长（1949～1978 年）、一般增长（1979～1999 年）和快速增长（2000～2015 年）三个阶段。

（3）从横向比较的角度来看，中华人民共和国成立来，基于自然和人文资源综合开发的西安市的城市化水平始终高于其他两座城市。对比以能源资源开发为主要驱动力的榆林市，与以水土和矿产资源初级开发为驱动力的汉中市的城市化进程，结论是其呈现出阶段性的特征：①中华人民共和国成立初期至"三线"建设以前（1949～1965 年），汉中市的城市化水平略高于榆林市；②"三线"建设时期至改革开放初期（1964～1982 年），汉中市的社会经济发展与城市化进程速度大大加快，与榆林市的城市化水平差距快速拉大；③20 世纪 80 年代初至 2015 年，由于能源资源的大规模开发，榆林市与汉中市的城市化水平差距迅速减小，在1990 年左右榆林市反超汉中市，并持续保持着领先优势。

2. 典型城市人均资源环境基础特征

（1）从纵向比较的角度来看，陕西省各典型城市的人均土地资源、淡水资源和能源资源在城市化进程中的演变情况与第四章中省域尺度下的研究结论类似，即也反映了不同的资源类型在城市消费中具有不同的地位：水、土两大传统资源要素在现代城市发展的资源消费中依然具有显著的基础性和不可替代性，而与工业化进程密切相关的能源资源在城市资源消费中的地位越来越突出。

（2）从横向比较的角度来看，基于自然和人文资源综合深度开发的西安市的城市化所占用的人均资源环境基础最小，以单一能源资源开发作为主要驱动力的榆林市的城市化所占用的人均资源环境基础最大，以水、土和矿产资源初级开发为主要驱动力的汉中市的城市化所占用的人均资源环境基础居中。

第六章　陕西省城市化资源环境基础演变的机理分析

通过第四章和第五章的研究发现，中华人民共和国成立以来陕西省及各典型城市城市化进程中资源环境基础演变的主要特征可以概括为以下三点：第一，在纵向变化上，随着区域城市化水平和质量的双重提高，城市占用的水、土资源结构由以间接占用为主导逐渐演变为诱发占用占优势；第二，从资源要素类型来看，不同资源要素在现代城市化的资源环境基础上有着不同的地位，即水、土两大传统资源要素在现代城市发展的资源消费中依然具有显著的基础性和不可替代性，与工业化进程密切相关的能源资源在城市消费中的地位越来越重要；第三，通过各典型城市的横向比较研究可知，基于自然和人文资源综合深度开发的西安市城市化所占用的人均资源环境基础最小，以单一能源资源开发作为主要驱动力的榆林市城市化所占用的人均资源环境基础最大，以水土和矿产资源初级开发为主要驱动力的汉中市城市化所占用的人均资源环境基础居中。

本章将从资源赋存、生产能力与方式、消费水平与结构、城市软实力等方面分别对形成以上三点特征的影响因素及作用机理展开分析和探讨。

第一节　水、土资源占用结构纵向演变的发生机理

中华人民共和国成立以来，陕西省和各典型城市在城市化进程中的水、土资源占用结构差异主要体现在用以满足城市居民"果腹之需"的间接占用量比重不断减少，用以满足城市居民"环境之需"的诱发占用量比重持续增加，从而使城市的水、土资源占用结构呈现出由"纺锤形"向"倒金字塔形"演变的特征。这种结构演变表明随着社会经济的发展、科学技术水平的提高和相关政策与制度等配套软环境的逐渐完善，吃饭问题已经不再是困扰城市居民的首要问题，而城市生态环境、人居环境的保护和建设成为现代城市在发展过程中必须重点考虑的关键问题。本书将分别从城市间接占用不断缩减和诱发占用持续增大两个角度分析城市化进程中的水、土资源占用结构演变的发生机理。

一、农业生产力的提高促使城市的间接占用不断缩减

（一）农用地生产力的提高促使农产品占地减少

中华人民共和国成立以来，通过增加农业投资、推广农业机械化、改良土壤、

合理施用化肥、推行优种良种工程等扶植农业和农村发展的一系列积极措施，我国的农业生产条件得到了极大的改善，抗水、旱、病、寒等自然灾害的能力明显增强，复种指数不断提高，农用地的生产能力得到了显著的提高，促使单位农产品的占地量明显下降。图 6-1 显示了 1952～2015 年，我国和陕西省主要农作物的单位面积产量变化。2015 年，全国粮食作物、花生和油菜籽的单产分别为 1952 年的 4.2 倍、2.8 倍和 3.9 倍，陕西省的粮食作物、花生和油菜籽的单产分别为 1952 年的 4.6 倍、2.1 倍和 5.5 倍。因此，即使在城市居民日常饮食消费水平不断提高的情况下，城市对农用地的间接占用量依然表现出较为明显的减少。

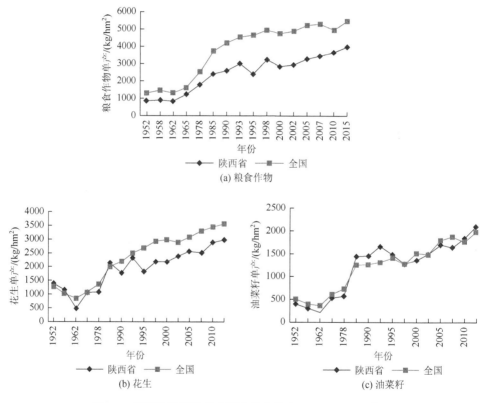

图 6-1　我国和陕西省的主要农作物单产（1952～2015 年）

资料来源：2009～2016 年《中国统计年鉴》《新中国六十年统计资料汇编》

（二）畜产品农区化的格局变化促使单位畜产品占地量锐减

由于气候干旱、过度放牧、鼠害频繁和长期建设投入不足等自然与人为因素的影响，我国草场退化严重，生产能力低下。我国平均可利用草地的年产草量为 911kg/hm²（干重），产值为 15～20 元/hm²，仅相当于澳大利亚的 1/10，美国的 1/12，荷兰的 1/50。目前，我国 50%～60% 的天然草地存在不同程度的退化，其中出现覆盖度降低、水土流失、沙化、盐渍化等中度以上明显退化的草地面积约有 8700 万 hm^2，主要分布在西北地区、西南地区、内蒙古自治区等一些传统的重要牧区。为了恢复和保持生态环境，我国在水土流失严重、生态环境脆弱的牧区开展退牧还草、禁牧休牧工程。截至 2015 年，全国实行禁牧的草原面积达 1.06 亿 hm^2，休牧草原面积为 4937.5 万 hm^2。

在草场退化严重、生产能力低下、大面积草场禁牧休牧的同时，随着生活水平的提高，我国城市居民日常副食消费中对牛羊肉和奶制品的需求量日益增大。在此种矛盾的背景下，20 世纪 80 年代以来，山东省、河南省、东北三省等传统粮食产区的青饲料作物播种面积迅速增长，我国出现了牛羊肉等畜产品生产由牧区向传统粮食作物产区转移的发展态势。

2015 年，我国的牧草地分布与牛羊肉产量布局存在着明显的空间错位。牧草地主要集中分布在西藏自治区、内蒙古自治区、青海省和新疆维吾尔自治区，其牧草地面积占全国总量的比重分别为 32.22%、22.58%、18.60% 和 16.28%。而我国的牛羊肉产量则集中分布在内蒙古自治区、河南省、山东省、新疆维吾尔自治区、河北省、四川省、云南省和东北三省，其中河南省、山东省和东北三省等传统农区的牛羊肉产量分别占全国总量的 9.51%、9.20% 和 13.51%。这说明我国的大部分畜产品不是由传统牧区的草场提供的，而是由传统农区的农业用地提供的。这些传统农区具有优越的水、土、热组合条件和良好的农业生产传统，其土地生产能力远远大于传统牧区。因此，通过在农区的土地上种植青饲料作物来发展农区畜牧业，客观上降低了单位畜产品的土地资源占用量。

二、现代城市功能与特性的失调促使诱发占用持续扩大

随着人口和经济活动逐渐向城市地域集中，现代城市的功能由古代的"集聚生活＋集聚消费"扩展为"集聚生活＋集聚消费＋集聚生产＋集聚污染"。而城市生态系统本身固有的特性，即分解者缺位、物质能量单向线性循环的缺陷性，无法与现代城市逐渐多元化的功能相匹配，二者的矛盾和失调促使现代城市的诱发占用持续扩大。

（一）现代城市功能的多元化促使城市的资源环境基础持续扩展

现代城市化是一个人类社会活动及生产要素从农村地区向城市地区转移的过程。随着城市化进程的推进，现代城市的主要功能逐渐由"集聚生活＋集聚消费"两大功能，向现代"集聚生活＋集聚消费＋集聚生产＋集聚污染"四大功能发展演变（图 6-2）。首先，现代城市在基础设施、资金、技术、物流、人力资源、通信、市场、信息和教育等方面的优势促使生产与生活活动不断向城市聚集，从而

产生聚集的规模效应和经济利益。按照当年价格计算，2015 年我国地级及以上城市（不包括市辖县）地区 GDP 为 588 765.113 亿元，占全国 GDP 总量的 82.06%。集聚不仅使城市成为区域的经济活动中心，更使其成为区域经济的增长点，能够辐射带动整个区域的发展，实现更大程度上的聚集。其次，在产业集聚的过程中，人口相应地在城市中聚集和增加，进而导致城市数量和规模不断扩大，城市人口比重不断上升。为满足城市人口的生存和发展需求，城市就要为其提供各种便利的生活条件和基础设施，因此城市也成为现代社会集聚生活的中心。再次，城市数量、人口的不断增长，城市居民生活水平的不断提高，带来区域消费结构和消费层次的变化，一方面促进高技术含量、高价值、新兴产品的需求增长；另一方面促使恩格尔系数下降，非物质生活消费水平不断提高，促进旅游、教育、文化、艺术等非物质性产业的发展，极大地发挥出拉动内需、带动经济增长和刺激消费的作用。2015 年全国城市居民人均生活消费支出为 21 392 元，是农村居民人均生活消费支出的 2.3 倍。因此，城市是聚集消费的中心。最后，人类的生产、生活活动消耗了大量的能源和物资，伴随形成大量的废弃物，使城市成为污染最严重的地区。2015 年，城镇生活污水排放量占全国废水排放总量的 72.8%，全国地级及以上城市工业废水排放量和工业烟尘排放量均达到全国总量的 95%。因此，城市也是集聚污染的中心。而且陕西省大部分地区处于以重工业为主导的工业化加速推进阶段，城市集聚生产和集聚污染的功能有不断强化的趋势。

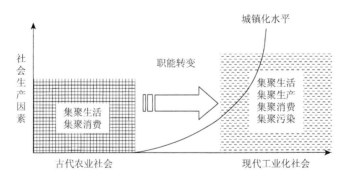

图 6-2　城市职能的转变

现代城市功能的变化必然会相应地引起城市资源环境消费需求的变化。随着城市化发育和城市功能的丰富，支撑城市生存和发育的资源环境基础也由用来满足"立身"之需和"果腹"之需的"直接占用 + 间接占用"，演变为满足"立身"之需"果腹"之需和"环境"之需的"直接占用 + 间接占用 + 诱发占用"三部分（图 6-3）。

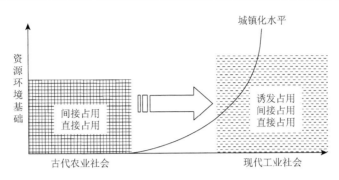

图 6-3 城市消费需求的转变

（二）城市生态系统分解者缺位的固有特性促使诱发占用持续增大

城市是一个由自然生态系统和人文生态系统共同组成的以陆生为主的复合生态系统（王如松等，1988）。它具有生态系统的一般特征，既有动物、植物、微生物和人类等生物有机体及围绕着它们的空气、水、土壤等无机环境，同时也执行着物质循环、能量流动和信息传递等功能。但是，与自然生态系统能量转换的多样性和环状循环相比，城市生态系统是一个消费者占绝对优势、生产者与分解者缺位、物质能量单向线性循环的病态系统（图 6-4）。由于城市生态系统无法提供适宜分解者生存并发挥其功能的环境，城市内部由生产和生活消费所排出的大量废弃物不得不输送到系统外去消耗与分解。随着城市规模的扩大，城市居民生活水平的提高，城市生产和生活排放的废弃物逐渐增多，城市对外界系统的依赖性越来越强，在系统外产生的诱发资源环境占用也越来越多（表 6-1）。

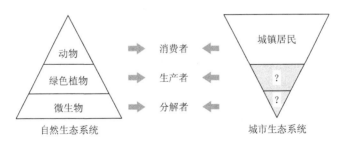

图 6-4 自然生态系统与城市生态系统

表 6-1 陕西省及各典型城市工业"三废"的排放情况（2010 年和 2015 年）

地区	工业固体废物排放量/万 t		工业废水排放量/万 t		工业废气排放量/亿标准 m³	
	2010 年	2015 年	2010 年	2015 年	2010 年	2015 年
陕西省	17.10	9 387.61	48 049.52	37 729.56	13 509.97	17 303.50
榆林市	12.74	2 496.14	4 798.75	7 224.13	2 569.83	5 575.93

地区	工业固体废物排放量/万 t		工业废水排放量/万 t		工业废气排放量/亿标准 m³	
	2010 年	2015 年	2010 年	2015 年	2010 年	2015 年
西安市	2.80	238.53	13 849.52	5 203.56	791.57	1 108.48
汉中市	0.07	393.96	2 243.56	2 192.18	616.87	1 161.34

注：2015 年工业固体废弃物为产生量；1 标准 m³ = 0.7225kg。

资料来源：2011~2016 年《陕西统计年鉴》。

第二节　不同资源要素保障地位差异性的发生机理

从资源要素类型上来看，不同资源要素在现代城市化的资源环境基础上有着不同的地位，即水、土两大传统资源要素在现代城市发展的资源环境基础上依然具有显著的基础性和不可替代性，与工业化进程密切相关的能源资源在城市消费中的地位越来越重要。

一、水、土资源基础性的发生机理

通过第四章和第五章研究可知，在现代城市化的资源环境基础上，水、土两大传统资源要素依然具有显著的基础性和不可替代性。虽然社会经济不断发展，科学技术不断进步，但是现代城市的生存和发展始终离不开水、土两大传统资源的支持。水、土资源在现代城市化的资源环境保障中的基础性地位是由城市生存和发展的必然消费需求，以及水、土资源具备的，其他资源要素不能替代的功能特性决定的。当前，有些观点之所以忽视水、土资源要素对城市发展的重要意义，是因为在现代生产和贸易背景下，水、土资源要素对城市发展的保障形式更加多元化，保障区域更加开放和宽广，因而在某些情况下，使水、土资源对城市发展的保障作用显得相对间接和隐秘。

1. 水、土资源功能的不可替代性

城市只要存在，就必然会产生"立身""果腹"和"环境"的需求，也就必须有直接、间接和诱发的土地和淡水资源给予相应的供给保障。在可以预见的科技水平下，无论是能源资源还是矿产资源，都不具备满足人类以上需求的性质和功能，不能替代水、土要素在人类的资源环境保障中的基础地位。

2. 水、土资源保障的多元化、间接性和广域性

依据要素使用功能的不同，水、土资源对城市发展的保障方式和范围有所差

异,即在现代生产方式和经济背景下,城市的直接水、土资源环境需求必须由城市本身来提供,而城市的间接和诱发需求保障则可以借助各种形式的资源调配和贸易进行解决,如跨流域调水、农产品贸易、"虚拟水"交易和高碳产品贸易等,从而使水、土资源对城市发展的保障具有形式上的多元化和间接性、空间范围上的广域性的特征(图6-5)。

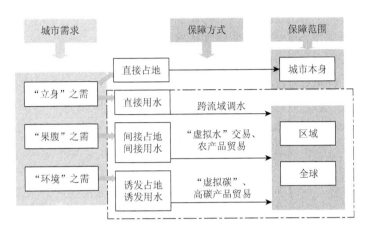

图6-5 现代城市水、土资源的保障方式和范围

二、能源资源重要性的发生机理

通过第四章和第五章研究可知,在现代城市化的资源环境基础上,能源资源所占的比重越来越大,地位越来越重要。能源资源在现代城市资源消费中的重要地位主要源自于能源资源与工业化进程的密切相关性,以及能源资源保障方式的开放性和保障范围的广域性。前者强调了能源资源在资源消费中的不可或缺的重要地位,后者淡化了能源资源在空间分布上的不均衡特征,保证了能源资源的可得性,使在全球范围内普遍大规模使用能源资源成为可能。

1. 能源资源与工业化进程的密切相关性

工业革命以来,以矿物能源为主要动力的机器化生产方式逐渐取代了农业社会以人力、畜力为主要动力的传统生产方式,从而使人类改造自然和创造财富的能力、效率得到了大大的提高。因此,矿物能源成为推动各国工业化进程高速发展不可或缺的资源要素。实践表明,全球工业化进程与矿物能源的大规模投入密切相关。如表6-2所示,1800~2000年,全球工业化进程的耕地资源、森林资源和淡水资源投入分别增加了8.8倍、−0.43倍和13倍,而能源资源投入则增加了1373倍。

表 6-2　全球工业化进程的资源要素投入（1800～2000 年）

年份	耕地资源	森林资源	淡水资源	能源资源
1800	1.0	1.0	1.0	1.0
1900	3.3	0.71	2.1	64.2
2000	9.8	0.57	14.0	1374.4

资料来源：Achard 等（2002）；Shiklomanov（1997）；《世界资源报告》（2002～2003）。

2. 能源保障方式的开放性和保障范围的广域性

与水、土资源相对有限的空间转移能力和相对间接的空间转移方式相比，煤炭、石油和天然气等能源资源具有很强的空间位移能力和非常直观的位移方式。随着我国交通运输能力的提高，在"北煤南运"和"西气东输"等项目的推动下，能源资源在全国范围内的流动频度和强度越来越大。在全球化背景下，远洋运输能力不断增强，国际贸易日趋频繁，在很大程度上弱化了能源资源，尤其是油气资源空间分布的不均衡特征（图 6-6）。国家、区域和城市发展所需的能源资源不仅可以依靠本地、本土和本国来提供，更可以通过全球范围内的能源贸易和商品贸易来保障。因此，能源资源对现代城市发展保障具有方式上的开放性和范围上的广域性，使在全球范围内普遍大规模使用能源资源成为可能。

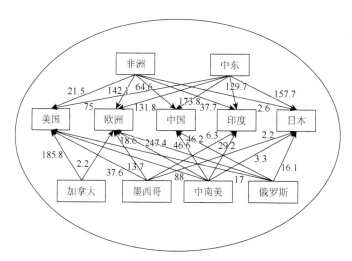

图 6-6　世界石油贸易主要流向（单位：10^6t）（2015 年）

资料来源：《BP 世界能源统计年鉴》2016 版

第三节　典型城市资源环境基础横向差异的发生机理

通过陕西省各典型城市的横向比较研究可知，基于自然和人文资源综合深度开发的西安市城市化所占用的人均资源环境基础最小，以单一能源资源开发作为主要驱动力的榆林市城市化所占用的人均资源环境基础最大，以水、土和矿产资源初级开发为主要驱动力的汉中市城市化所占用的人均资源环境基础居中。产生这种资源环境占用差异的根本原因在于各城市发展的基础和所处的发展阶段的不同。所谓发展的基础包括城市的自然资源禀赋、生态环境敏感性、社会文化资源和传统风俗习惯等，决定了城市发展的可能方向和功能定位；发展的阶段主要是指城市目前所处的工业化阶段，发展阶段的不同，造成了城市生产能力、生产方式、资源利用效率、消费水平和软实力的差异，进而影响城市的发展成本和发展的外部效应，最终影响到城市在发展过程中的人均资源环境基础占用情况（图 6-7）。

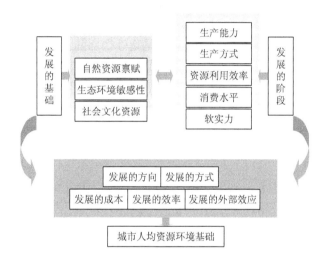

图 6-7　典型城市人均资源环境基础差异的发生机理

一、发展基础的差异

本书所选的各典型城市虽然同在陕西省，但是由于山川阻隔、开发历史等因素的影响，形成了各自迥然不同的气候、地貌、土壤和水文等自然资源条件，以及相应的历史文化背景和民风民俗传统。

1. 自然资源禀赋

自然资源禀赋是指区域的光照、热量、水分、土壤、矿产、生物和地质地貌等自然要素的存在状态与组合条件，是传统产业和居住地空间布局选择的基本依据。虽然随着技术的不断进步，自然资源禀赋对区域发展的影响相对减弱，但是从长远发展的角度来看，自然资源禀赋对区域的可持续发展仍具有不可低估的重要意义。从水、土资源的人均拥有量来看，榆林市林地和水资源的人均拥有量远小于全国均值，耕地和草地的人均拥有量略高于全国均值，人口密度也远小于全国均值；西安市人口密度超出全国均值五倍，水、土资源的人均拥有量均小于全国均值；汉中市的人口密度与全国均值接近，林地和淡水资源的人均拥有量具有较为明显的比较优势。

在能源资源方面，榆林市在陕西省各典型城市中的比较优势十分突出，为能源重化工业的发展奠定了基础。榆林市煤炭、石油和天然气储量分别占全省总量的86.2%、43.4%和99.9%，平均每平方千米地下蕴藏着622万t煤、1.4万t石油和1.0亿m³天然气。榆林市的能源资源中以煤炭和天然气资源的优势最为显著，煤炭资源预测储量为2800亿t，探明储量为1500亿t，约占全国探明储量的1/5。榆林市的煤炭品质好，是国内优质环保动力煤和化工用煤，而且煤层埋藏浅、厚度大、开采难度小、成本低，具有很高的开采价值；天然气资源的预测储量为4.18×10^{12}m³，探明储量为1.18×10^{12}m³，是迄今我国陆上探明的最大整装气田。在矿产资源方面，汉中市地质构造复杂，成矿条件优越，多种矿产资源探明储量居全国前列，是陕西省内主要的矿产资源富集区（表6-3）。汉中市具有比较优势的矿产资源主要有金、铜、铁、锰、硫、磷、石英岩、石膏、纤维水镁石及石材等，为汉中市发展黄金、有色金属、钢铁、化工、建材及非金属矿工业提供了有利的条件。

表6-3　汉中市探明储量居全国前十位的矿种

位次	矿种（探明储量）
3	石棉（1078.7万t）、海泡石（94万t）、大理石（7225万m³）、石英岩（2.33亿t）
4	化肥用蛇纹岩（4.32亿t）
5	冶金用白云岩（22.09亿t）
10	膨润土（6321万t）

资料来源：《汉中统计年鉴2017》。

2. 生态环境敏感性

生态环境敏感性是指生态环境对区域内自然和人类活动反应的敏感程度，用来表征研究区域发生生态失衡与生态环境问题的可能性大小。生态环境敏感程度较高的区域，当受到人类不合理活动影响时，就容易产生生态环境问题。考虑到陕西省的实际情况，从水土流失、土地沙漠化、地质灾害（滑坡、崩塌、泥石流、地震、断裂等）和生物多样性四个方面对陕西省进行生态环境敏感性评价。从整体上说，榆林市属于生态环境敏感性最强的区域，其生态环境的抗扰动能力和自我调节能力较差，因此大规模、高强度的开发行为会对榆林市的生态环境造成强烈影响，从而造成城市诱发占用显著增大。汉中市的生态环境敏感性居中，具有一定的生态环境承载力，但是考虑到汉中市在生物多样性保护等方面的意义，其开发力度不宜过强。西安市的生态环境承载力较强、敏感性最弱，对自然和人为因素扰动的反应较为平和，具有一定的自我恢复和调节能力，因此其地域范围内大规模、高密度的人口和生产集聚所产生的人均诱发占用却相对较小。

3. 社会文化资源与习俗

（1）社会文化资源。作为中华民族的摇篮和中华文明的发祥地，陕西省历史悠久、社会文化资源底蕴深厚，具有很大的开发潜力和价值。表 6-4 显示了陕西省各典型城市古代和近、现代社会文化资源。这些社会文化资源与自然资源、生态环境一样，也深刻地影响着各典型城市的发展方向和产业选择。随着经济的发展和社会的进步，旅游业、文化创意产业等基于社会文化资源开发的产业部门在现代经济体系中所占的比重越来越大、地位越来越重要。"十五"期间，陕西省的旅游业收入占 GDP 总值的比重稳定在 8%左右，旅游业收入占第三产业比重保持在 20%左右，旅游业成为陕西省的重要支柱产业之一（表 6-5）。因此，各城市具备的社会文化资源的级别和品质（表 6-4），开发的强度和水平都将直接影响着城市未来的开发模式、可能道路和发展速度。

表 6-4　陕西省各典型城市的社会文化资源

地区	级别	古代文化资源	近、现代文化资源
榆林市	国家级历史文化名城	古代边防文化、陕北民俗文化	红色文化、爱国主义教育基地
西安市	世界历史文化名城	半坡仰韶文化、周秦文化、汉唐文化、关中民俗文化	科研、文教、行政、影视
汉中市	国家级历史文化名城	三国文化、陕南民俗文化	科普文化（"生物资源宝库"、"天然物种基因库"）

表 6-5　陕西省旅游业占 GDP 和第三产业比重（2000～2015 年）

年份	旅游业收入/亿元	占 GDP 比重/%	占第三产业比重/%
2000	150.2	9.0	23.1
2001	167.6	9.1	22.6
2002	187.2	8.9	21.6
2003	160.0	6.7	16.9
2004	300.5	9.5	24
2005	353.3	9.6	25.1
2006	418	8.8	23.1
2007	504	8.8	23.1
2008	607	8.3	22.5

续表

年份	旅游业收入/亿元	占 GDP 比重/%	占第三产业比重/%
2009	767	9.4	24.4
2010	984	9.7	26.7
2011	1324	10.6	30.4
2012	1713	11.9	34.2
2013	2135	13.2	36.6
2014	2521	14.3	38.5
2015	3006	16.7	40.9

资料来源：2001~2016 年《陕西统计年鉴》。

（2）风俗与传统习惯。"一方水土养一方人"，陕西省的各典型城市在风俗习惯上具有显著的区域差异。在膳食结构上，榆林市居民以杂粮和面食为主要谷物类食品。西安市的传统本地居民以面食为主要谷物类食品，随着外来人口的增多，现在演变为米、面兼而有之。汉中市居民则以米饭为主要谷物类食品。由于水稻的单位面积产量始终高于小麦（图 6-8），1949 年以来，陕西省的水稻单产平均为小麦单产的 2.2 倍。因此，榆林市的人均间接占用耕地量始终高于西安市和汉中市。由于榆林市居民有喜食羊肉的传统，其城市的人均草场占用量受单位畜产品占地量的影响强烈，变化显著。

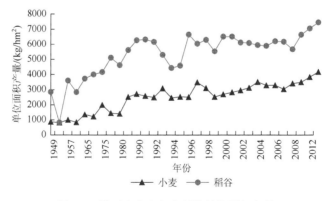

图 6-8　陕西省小麦与水稻的单位面积产量

二、发展阶段的差异

城市发展阶段主要是指研究对象当前所处的工业化阶段。目前国际社会主要依据美国经济学家钱纳里、库兹涅茨等学者的研究成果，采用人均 GDP、工业化率、产业结构和城市化水平四项社会经济指标将国家、区域或城市的工业化进程划分为初期、中期和后期三个阶段，具体划分标准如下：①人均 GDP，人均 GDP 达到 1000 美元为工业化初期阶段，达到 3000 美元为中期，达到 5000 美元为后期；②工业化率，即工业增加值占全部生产总值的比重，工业化率达到 20%～40% 为工业化初期，达到 40%～60% 为工业化中期，达到 60% 以上为工业化后期；③产业结构，工业化初期时第一产业比重大于 20%，第二产业比重较低，工业化中期时第一产业比重降低到 20% 以下，第二产业的比重高于第三产业，工业化后期时第一产业比重降低到 10% 以下，第三产业比重超过第二产业；④城市化水平，为了便于比较，采用非农业人口占总人口的比重核算城市化水平，工业化初期城市化率一般在 30% 以下，工业化中期城市化率一般在 30%～60%，工业化后期城市化率一般大于 60%。

根据陕西省各典型城市的实际情况，综合以上四项指标，本书判断各典型城市分别处于不同的发展阶段：榆林市处于以重化工业为主导的工业化初期阶段、西安市处于工业高加工度化和内涵型发展的工业化中后期阶段、汉中市处于以农林和工矿为主导的工业化初中期阶段。各典型城市发展阶段的不同，造成了城市生产方式、生产效率、消费水平和软实力的差异，最终影响到城市在发展过程中的人均资源环境基础占用。

（一）生产能力与生产方式

城市生产能力是指城市实际物质产出的数量和结构，是城市实力和价值的最直观、最重要的表征指标，也是城市生产方式调整、增强综合竞争力和促进可持续发展的基础。城市的生产方式是指城市经济发展是以何种产业领域和部门作为主体和重点。从一般经验看，城市的人均经济总量越大，产业结构与工业内部结构越高级，表明城市的生产能力越强，生产方式越先进。

1. 人均 GDP

人均 GDP 指在一个国家或地区领土范围内，包括本国居民、外国居民在内的常住单位在报告期内所生产和提供的产品、服务的价值总量与常住人口数的比值，是发展经济学中衡量宏观经济发展状况和区域生产能力的重要指标之一。由图 6-13 可知，改革开放以来，陕西省各典型城市的人均生产能力均有了较大幅度的增长，其中，以能源资源开发为工业化主要驱动力的榆林市的人均 GDP 增长最为显著，1978～2015 年，榆林市人均 GDP 增长了 464 倍，西安市和汉中市的人均 GDP 分别增长了 129 倍和 178 倍（图 6-9）。

2. 产业结构

产业结构也称国民经济部门结构，是指国民经济各产业部门之间及各产业部门内部的构成。产业结构的变动和区域差异，反映了国家、区域或城市经济发展

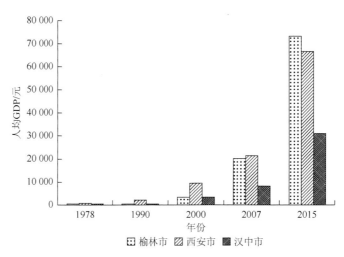

图 6-9　各典型城市的人均 GDP（1978～2015 年）

重点的部门转移方向和区域差异，也反映了国家、区域或城市对资源环境开发利用的范围、偏好和强度。本书采用国际上较为通用的三次产业分类法对陕西省各典型城市的产业结构变动展开分析。由表 6-6 可知，各典型城市均存在着第一产业比重逐渐降低，第二、第三产业比重逐渐上升的产业结构高级化发展趋势，但各城市的产业结构演进过程和状态差异显著。20 世纪 90 年代后期以来，以能源资源大规模开发为城市化主要驱动力的榆林市的第二产业一枝独秀，2007 年其产业结构为 8∶74∶18，因此榆林市的人均能源资源占用量较高，工业废弃物排放量多，人均诱发水、土资源占用量大。2000 年以前，西安市的第二产业比重较高，产业类型偏向重工业；2000 年以后，随着城市功能定位的转变，西安市立足于自然和人文资源的综合开发，第一产业比重继续萎缩，第三产业迅速发展，工业内部结构也逐渐转向深度加工化和内涵化发展，因此城市的人均资源环境基础占用量迅速减少，成为典型城市中人均资源环境基础占用量最小的城市。由于水、土、热等农业组合条件优越，汉中市的第一产业比重始终在 20%以上，2015 年下降至18.1%。1999 年西部大开发战略实施以来，汉中市的工矿业发展迅速，带动第二产业比重明显提高，同时，其人均资源环境基础占用量也相应地显著增加。

表 6-6　各典型城市的产业结构演变（1978～2015 年）

地区	1978 年	1990 年	2000 年	2007 年	2015 年
榆林市	59∶20∶21	36∶25∶39	14∶44∶42	8∶74∶18	4∶77∶19
西安市	19∶58∶23	12∶43∶45	7∶43∶50	5∶44∶51	4∶37∶59
汉中市	51∶26∶23	40∶36∶24	26∶33∶41	23∶40∶37	18∶43∶39

资料来源：1986～2016 年《陕西统计年鉴》。

3. 工业内部结构

在现代经济体系中，工业产业尤其是重化工业是资源消耗量最大、环境影响效应最显著的部门。如表 6-7 所示，钢铁、石化等许多重工业部门都给大气、水和土壤等资源环境要素带来了严重的负面影响。因此，从工业内部结构的角度来看，重化工业产值占工业总产值比重越高的城市，其社会经济发展的资源环境成本就越高，所需要的诱发资源环境基础也就越大。

表 6-7　主要重工业部门的环境影响效应

部门	大气	水	土壤/土地
化学制品（无机和有机化合物，不包括石油产品）	颗粒物、SO_2、NO_x、CO、CFCs、VOCs 和其他有机化学品气味的排放	1. 生产用水和冷却水使用 2. 有机化学品、贵金属、悬浮性固体物、有机物质及 PCBs 的排放	1. 化学生产废料处理 2. 空气和水污染处理产生的污泥处理问题
水泥、玻璃、陶瓷	1. 水泥：粉尘、NO_x、CO_2、铬、铅、CO 2. 玻璃：铅、砷、SO_2、钒等 3. 陶瓷：二氧化硅、SO_2、NO_x、氟化物	油和贵金属污染的生产用水排放	1. 原材料的提取 2. 金属和废物造成土壤污染的处理问题
金属和矿物开采	1. 生产及运输中的粉尘排放 2. 净矿砂干燥时产生的金属排放	1. 高酸性废矿水对地表及地下水的污染 2. 金属采掘中所用的化学品污染	1. 大规模的地表破坏和侵蚀 2. 熔炼废渣造成的土地退化
钢铁	1. SO_2、CO_2、硫化氢、PAHs、铅、砷、镉、铬、铜、汞、镍、硒、锌、有机化合物、PCDDs/PCDFs、PCBs、粉尘、颗粒物质、碳氢化合物、酸雾的排放 2. 接触紫外线和红外线辐射、电离辐射	1. 生产用水的使用 2. 有机物质、焦油和油、悬浮性固体物、金属、苯、酚、酸、硫化物、硫酸盐、氨、氢氧化物、硫氰酸盐、氟化物、铅、锌的排放	炉渣、污泥、油脂残渣、碳氢化合物、盐、硫化物、贵金属、土壤污染和固体废弃物处理问题
有色金属冶炼	颗粒物质、SO_2、NO_x、CO、硫化氢、硫化氢、氟化氢、铝、硒、镉、铬、铜、锌、汞、镍、铅、镁、PAHs、氟化物、二氧化硅、锰、炭黑、碳氢化合物、气溶胶的排放	1. 含有色金属的洗涤溶剂用水 2. 含有固体、氟、碳氢化合物的气体洗涤器废水	排放出的各类精选的尾矿处理污泥、电解电池涂料所产生的土壤污染和废物处理问题
煤炭开采与初加工	1. 采掘、储运产生的粉尘排放 2. 堆场煤炭和矿渣自然所产生的 CO 和 SO_2 的排放 3. 地下岩层产生的 CH_4 的排放 4. 爆炸及水灾危害	高盐分或酸性矿水造成的地表水和地下水污染	1. 大规模的地表破坏和侵蚀 2. 采掘区的地面下沉 3. 大型矸石和各类废弃物堆放所造成的土壤退化

续表

部门	大气	水	土壤/土地
石油加工	1. SO$_2$、NO$_x$、硫化氢、HCs、苯、CO、CO$_2$、颗粒物、PAHs、硫醇、毒性有机化合物及气体的排放 2. 爆炸和火灾威胁	1. 冷却水的使用 2. HCs、硫醇、苛性碱、油、酚、铬、气体洗涤器的废水排放	各类固体危险废弃物、催化剂和焦油的排放及处理

注：根据《可持续发展中的健康与环境：地球首脑会议后五年》（世界卫生组织，1997 年）修改而成。

CFCs 全称为 chlorofluorocarbons，即氯氟碳化物，氯氟烃；VOC 全称为 volatile organic compound，即挥发性有机化合物；PCBs 全称为 polychlorinated biphenyls，即多氯联苯；PAHs 全称为 polycyclic aromatic hydrocarbons，即多环芳烃。

如图 6-10 所示，在本书所选的典型城市中，榆林市产值比重较高的工业部门均为能源开采和初级加工部门，排名居前六位的工业部门分别为煤炭开采和洗选业（12 914 930 万元），石油和天然气开采业（4 791 767 万元），石油加工、炼焦和核燃业（3 688 493 万元），化学原料和化学制品制造业（3 215 995 万元）、电力、热力生产和供应业（2 969 602 万元），以及有色金属冶炼及压延加工业（1 510 215 万元）；西安市产值比重较高的工业部门以高中端设备制造业为主，排名居前六位的工业部门分别为汽车制造业（8 468 555 万元），电气机械和器材制造业（5 522 131 万元），铁路、船舶、航空航天和其他运输设备制造业（4 664 353 万元），计算机、通信和其他电子设备制造业（4 539 493 万元），专用设备制造业（2 464 156 万元），

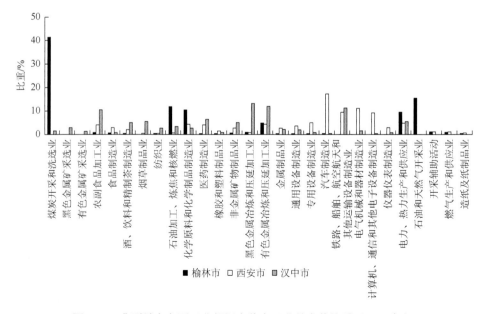

图 6-10　典型城市主要工业部门产值占工业总产值比重（2015 年）

以及电力、热力生产和供应业（2 331 849 万元）；汉中市产值比重较高的工业部门类别较多，既有采矿及加工业，也有设备制造业和农产品加工业，排名居前六位的工业部门分别为黑色金属冶炼和压延加工业（1 396 137 万元），有色金属冶炼和压延加工业（1 288 027 万元），铁路、船舶、航空航天和其他运输设备制造业（1 197 077 万元），农副食品加工业（1 105 148 万元），医药制造业（673 408 万元），以及电力、热力生产和供应业（592 771 万元）。

（二）资源利用效率

资源利用效率是指在现有技术水平和机制体制下，社会生产过程中单位资源的产出效益。本书分别选取了万元 GDP 所占建设用地、万元 GDP 用水量和万元 GDP 能耗量三项指标，对陕西省各典型城市（市辖区）的资源利用效率进行比较。如图 6-11 所示，在土地资源利用方面，万元 GDP 所占建设用地榆林市最大，西安市最小；在淡水资源利用方面，万元 GDP 用水量汉中市最大，西安市最小；在能源资源利用方面，万元 GDP 能耗榆林市最大，西安市最小；在资源综合利用效率上，西安市的资源综合利用效率最高，汉中市和榆林市的资源综合利用效率都相对较低，但汉中市稍高于榆林市。因此，反映在城市人均资

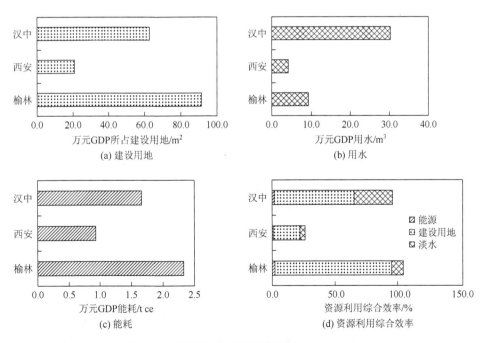

图 6-11　典型城市的资源利用效率（2015 年）

图 6-11（d）中各资源要素不能相加，仅表示相对大小

源环境基础上，西安市的城市人均资源环境基础占用最少，汉中市居中，榆林市最高。

（三）消费水平

城市居民消费水平是指在物质产品和劳务的消费过程中，城市居民生存、发展和享受等各方面需要的满足程度。城市居民消费水平可以通过城市居民所消费的物质产品、服务的数量和质量指标进行表征。随着城市人口的集聚和城市居民生活水平的提高，城市居民日常生活消费所需的物质和服务逐渐增多。相应地，用于满足城市居民生活物质消费和服务的资源环境要素投入也逐渐增多，在现代城市的资源环境基础上所占的比重越来越大，地位也越来越重要。本书选取城市居民人均消费支出和城市居民人均城市设施水平两项指标，对陕西省各典型城市的城市居民消费情况进行比较，以探究城市居民消费水平的差异对城市人均资源环境基础占用差异的影响。

从城市居民人均消费支出来看（图 6-12），2015 年西安市的城市居民人均消费支出在各典型城市中最高，其值为 33 188 元，分别为榆林市和汉中市的 1.2 倍和 1.4 倍。因此，西安市用于城市生活消费的人均资源环境基础占用量高于其他两座城市。榆林市、西安市和汉中市的城市居民人均消费支出占人均可支配收入的比重相差不大，分别为 63.6%，67.5%和 60.4%。

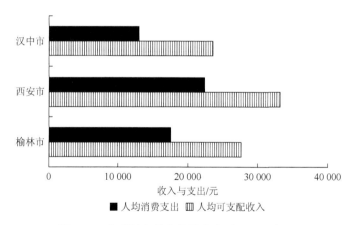

图 6-12　典型城市的人均消费水平（2015 年）

从城市居民人均基础设施水平来看（表 6-8），作为全省行政、经济和文教中心的西安市的人均城市基础设施建设水平远高于榆林市和汉中市。这也就意味着西安市需要为每位城市居民提供更多的公共设施、开放空间和道路广场等直接用地来保障市民的城市生活质量。

表 6-8　陕西省及各典型城市基础设施水平（2015 年）

地区	人均公园绿地 面积/m²	人均拥有道路 面积/m²	人均日生活 用水量/(L/d)	用水普及率/%	用气普及率/%
陕西省	12.6	15.7	155.7	97.1	94.7
西安市	11.5	18.3	181.9	100	98.8
汉中市	13.2	7.54	151.5	82.5	90.9
榆林市	18.7	27.8	80.7	97.7	92.6

资料来源：《中国城乡建设统计年鉴 2015》。

（四）城市软实力

　　城市软实力是指城市在人才、教育、科技、研发和创新等方面的竞争力，是相对于国内生产总值、产业结构、城市基础设施等硬实力而言的。在现代知识经济和信息社会的背景下，软实力在城市发展中所起的作用越来越显著。本书选取高等院校数、科研机构数、专任教师数和专业技术人员数等指标对陕西省各典型城市的软实力差异进行比较。由表 6-9 可知，西安市在教育、科技和研发等方面的软实力远远高于榆林市和汉中市。2015 年，西安市经认定的高新技术企业共 1215 家，各企事业单位累计专利授权数达到 103 910 件。因此，西安市更有能力对其自然资源和人文社会禀赋展开高层次的深度开发，从而使资源利用的综合效益达到最大化。

表 6-9　陕西省各典型城市软实力比较（2015 年）

地区	高等院校数/所	高等学校专任教师数/人	规模以上有 R&D 活动 的工业企业单位数/个	规模以上工业企业 R&D 人员合计/人
榆林市	2	913	134	1 515
西安市	76	49172	316	35 609
汉中市	3	—	46	3 251

注：R&D 指 research and development，即研究与开发。

本 章 小 结

　　本章对中华人民共和国成立以来，陕西省及各典型城市在城市化进程中的资源环境基础演变特征进行了机理分析，主要结论如下。

1. 水、土资源占用结构纵向演变的发生机理

　　中华人民共和国成立以来，陕西省城市占用的水、土资源结构由以间接占用为主导的"纺锤形"，逐渐演变为诱发占用占优势的"倒金字塔形"，表明吃饭问

题已经不再是困扰城市居民的首要问题，而城市生态环境、人居环境的保护和建设成为现代城市在发展过程中必须重点考虑的关键问题。

造成这种结构变化的主要原因在于：一方面，农用地生产力的提高和畜产品农区化的格局变化促使农业生产力大幅度提高，单位农产品和单位畜产品的占地量锐减，造成城市的间接资源占用不断缩减；另一方面，城市生态系统本身固有的缺陷性，即分解者缺位、物质能量单向线性循环的特性无法与现代城市逐渐多元化的功能相匹配，二者的矛盾和失调促使现代城市的诱发资源占用持续扩大。

2. 不同资源要素保障地位差异性的发生机理

在陕西省的现代城市化进程中，从资源要素类型来看，不同资源要素在现代城市化的资源环境基础上有着不同的地位，即水、土两大传统资源要素在现代城市发展的资源消费中依然具有显著的基础性和不可替代性，与工业化进程密切相关的能源资源在城市消费中的地位越来越重要。

其中，水、土两大传统资源要素的基础性主要是由水、土要素在功能上的不可替代性决定的。只是在现代生产和贸易背景下，水、土资源要素对城市发展的保障形式更加多元化，保障区域更加开放和宽广，因而在某些情况下，水、土资源在城市资源保障中的作用显得相对间接和隐秘；能源资源在现代城市资源消费中的地位越来越重要，主要原因在于能源资源与工业化进程密切相关，以及能源资源保障方式的开放性和保障范围的广域性。前者强调了能源资源在城市资源消费中不可或缺的重要地位，后者淡化了能源资源在空间分布上的不均衡特征，保证了能源资源的可得性，使在全球范围内普遍大规模使用能源资源成为可能。

3. 典型城市资源环境基础横向差异的发生机理

通过第五章陕西省各典型城市的横向比较研究可知，基于自然和人文资源综合深度开发的西安市城市化所占用的人均资源环境基础最小；以单一能源资源开发作为主要驱动力的榆林市的城市化所占用的人均资源环境基础最大；以水土和矿产资源初级开发为主要驱动力的汉中市的城市化所占用的人均资源环境基础居中。

产生这种资源环境占用差异的根本原因在于各城市发展的基础和所处的发展阶段不同。所谓发展的基础包括城市的自然资源禀赋、生态环境、社会人文资源和传统风俗习惯等，发展的基础决定了城市发展的可能方向和功能定位；发展的阶段主要是指城市目前所处的工业化阶段。发展阶段的不同，造成了城市生产方式、生产效率、消费水平和软实力的差异，进而影响城市的发展成本和发展的外部效应，最终影响到城市在发展过程中的人均资源环境基础占用情况。

第七章 城市"资源-环境"脆弱性评估与缓解措施

第一节 陕西省"资源-环境"脆弱性评估与缓解措施

本章分别以陕西省和典型城市为研究对象,首先对城市"资源-环境"系统的脆弱性进行定量分析,以明确研究对象当前所面临的资源环境压力;然后,依据第六章对城市化资源环境基础演变的影响因素和发生机理的分析,为缓解研究对象城市化的资源环境压力、协调城市化与资源环境基础之间的关系提出缓解措施与对策建议。

一、城市"资源-环境"系统脆弱性评价

本章所指的陕西省的城市"资源-环境"系统脆弱性,是指在国家战略倾斜和开放型发展导向下,在快速全球化、工业化和城市化过程中,城市在资源和生态环境等方面表现出的敏感性与不稳定性,并因缺乏应对能力而易于遭受损失的风险性。本章以可持续性科学的热点问题"脆弱性"为切入点,将丝绸之路经济带倡议作为外部扰动风险,借鉴脆弱性评价中"暴露性(exposure)-敏感性(sensitivity)-适应能力(adaptive capacity)"的三准则,对陕西省城市的资源环境脆弱性进行系统评价,并探讨城市脆弱性的空间分异特征(表 7-1)。

表 7-1 脆弱性评价的三准则

脆弱性指向	概念内涵	指标类别
暴露性	指系统受到风险胁迫的程度,可分为自然胁迫和人为胁迫	自然灾害、环境退化、工农业污染等
敏感性	指在干扰下系统被影响的程度,侧重描述系统现状的稳定性	自然本底、经济实力、经济效率、收入差异等
适应能力	指系统对干扰的应对和对干扰后果的调节,侧重描述遭受干扰后的恢复能力,表征系统未来发展的可持续性	基础设施、财政支出、社会保障等

1. 指标体系构建

遵循系统性和可得性等原则,结合陕西省城市发展的客观情况,将城市"资源-环境"系统脆弱性分解为资源脆弱性和生态环境脆弱性两个目标层、

四个准则层和 15 个评价指标，并通过均方差法，利用原始数据计算出指标权重（表 7-2）。

表 7-2 城市脆弱性评价指标体系及脆弱性指向

目标层	准则层（权重）	指标层（单位）	脆弱性指向（方向）
B$_1$ 资源脆弱性	C$_1$ 资源利用脆弱性指数（0.075）	D$_1$ 单位 GDP 能耗/(t ce/万元)	敏感性（+）
		D$_2$ 万元 GDP 水耗/(m^3/万元)	敏感性（+）
		D$_3$ 万元 GDP 建设用地占用/km^2	敏感性（+）
	C$_2$ 资源保障脆弱性指数（0.051）	D$_4$ 人均能源资源基础储量/t ce	敏感性（−）
		D$_5$ 人均水资源拥有量/m^3	敏感性（−）
		D$_6$ 人均耕地面积/hm^2	敏感性（−）
B$_2$ 生态环境脆弱性	C$_3$ 生态脆弱性指数（0.141）	D$_7$ 建成区绿化覆盖率/%	敏感性（−）
		D$_8$ 森林覆盖率/%	适应能力（−）
		D$_9$ 干燥度指数	暴露性（+）
		D$_{10}$ 沙尘天气天数/天	暴露性（+）
		D$_{11}$ 生态敏感性指数	敏感性（+）
	C$_4$ 环境脆弱性指数（0.118）	D$_{12}$ 空气质量达标率/%	暴露性（−）
		D$_{13}$ 污水处理率/%	暴露性（−）
		D$_{14}$ 工业固体废弃物综合利用率/%	暴露性（−）
		D$_{15}$ 生活垃圾无害化处理率/%	暴露性（−）

注：生态敏感性指数是根据《全国生态功能区划（修编版）》中"全国生态敏感性综合特征"一项，将冻融侵蚀、沙漠化、石漠化、水土流失和沙漠/戈壁分别赋值为 1，再根据城市所属区域，无一项特征值为 0，有一项特征赋值为 1，有两项特征赋值为 2，以此类推。

+表示正向指标，其值越高，脆弱性风险越高；−表示负向指标，其值越高，脆弱性风险越低。

2. 数据来源与计量模型

（1）数据来源。涉及社会经济发展、城市建设和科技卫生等的数据来自于国家科技基础条件平台建设项目"国家地球系统科学数据共享服务平台"（www.geodata.cn）的社会经济发展数据库和《中国城市统计年鉴 2016》；干燥度指数来自于中国干湿地区划分；沙尘天气天数来自于中国气象网（www.cma.gov.cn）。

（2）计量模型——逼近理想解排序法（technique for order preference by similarity to an ideal solution，TOPSIS）。逼近理想解排序法是多目标决策分析的有效方法，基本原理是通过构建多属性问题各指标的最优解和最劣解，计算各评价指标与最优解和最劣解的相对接近程度作为评价各方案优劣的依据。对于区域评价而言，很难寻求可参照最优解，从而对最终结果的阈值划分产生影响。因此，TOPSIS 这种按照指标判断最优解和最劣解的思路更适用于识别多指标集成的综合评价。TOPSIS 的基本步骤如下。

第一，假设有 m 个评价对象，每个评价对象有 n 个评价指标，构建原始数据矩阵：

$$X = (x_{ij})_{m \times n} (i = 1, 2, \cdots, m; j = 1, 2, \cdots, n) \tag{7-1}$$

式中，x_{ij} 为指标实际值；m 为评价城市数；n 为指标数。

第二，对矩阵进行标准化处理。正向指标和逆向指标的计算公式分别为

$$\begin{cases} X'_{ij} = \dfrac{(x_{ij} - \min\{x_j\})}{(\max\{x_j\} - \min\{x_j\})} \text{（正向指标）} \\[3mm] X'_{ij} = \dfrac{(\max\{x_j\} - x_{ij})}{(\max\{x_j\} - \min\{x_j\})} \text{（负向指标）} \end{cases} \tag{7-2}$$

式中，x'_{ij} 为第 i 个城市第 j 项评价指标的数值；$\min\{x_j\}$ 和 $\max\{x_j\}$ 分别为所有城市中第 j 项评价指标的最小值和最大值。

第三，采用均方差法确定指标权重（W_j），结果见表7-2。

第四，确定正理想解 Z^+ 和负理想解 Z^-。公式为

$$Z^+ = (x_j^+)_{1 \times n}; Z^- = (x_j^-)_{1 \times n} \tag{7-3}$$

式中，$Z^+ = \left(\max_{1 < i < m} x_{i1}, \max_{1 < i < m} x_{i2}, \cdots, \max_{1 < i < m} x_{in} \right)$；$Z^- = \left(\min_{1 < i < m} x_{i1}, \min_{1 < i < m} x_{i2}, \cdots, \min_{1 < i < m} x_{in} \right)$。

第五，计算评价对象到正理想解及负理想解的距离，公式为

$$D_i^+ = \sqrt{\sum_{j=1}^{n} W_j (Z_j^+ - X'_{ij})^2} \tag{7-4}$$

$$D_i^- = \sqrt{\sum_{j=1}^{n} W_j (Z_j^- - X'_{ij})^2} \tag{7-5}$$

式中，D_i^+ 为评价对象到正理想解的距离；D_i^- 为评价对象到负理想解的距离。

第六，计算评价对象与最佳方案的接近程度 C_i，公式为

$$C_i = \frac{D_i^-}{D_i^+ + D_i^-} \tag{7-6}$$

式中，C_i 越大，表示评价对象状态越优。

3. 城市"资源-环境"系统脆弱性评价结果

（1）资源脆弱性。陕西省城市资源脆弱性平均值为0.3088，与整个西北地区的城市资源脆弱性相比，处于低度脆弱状态，表明陕西省资源赋存条件优越（表7-3）。从陕西省内部空间分异来看，城市资源脆弱性分布呈现"中间高，南北低"的格局，中部高值区平均脆弱性为0.4323，南北低值区平均脆弱性为0.1915，中部高值区平均脆弱性是南北低值区的2.3倍。这主要是由于中部地区工业发达、城市化进程快，导致单位 GDP 耗能、耗水值和建设用地占用等值偏高，

资源脆弱性处于高值区；而陕西省北部地区的能源资源丰富、南部的水资源丰富，造就了南北均为低值区（图7-1）。

表7-3　西北地区城市脆弱性分级标准（2015年）

脆弱性类型	低脆弱性	中度脆弱性	高脆弱性
资源脆弱性	≤0.3668	0.3668～0.5667	≥0.5667
生态环境脆弱性	≤0.2093	0.2093～0.3551	≥0.3551

图7-1　陕西省城市资源脆弱性（2015年）

（2）生态环境脆弱性。2015 年，陕西省城市生态环境脆弱性平均值为
0.1801，在整个西北地区比较中处于低度脆弱状态（表 7-3）。从空间分异来
看，陕西省的生态环境脆弱性呈现显著的"梯度化"分异特征，陕西省北部脆
弱性明显高于南部。陕西省北部脆弱性平均值为 0.3000，中部脆弱性平均值为
0.1941，南部脆弱性平均值为 0.1061，脆弱性值由北向南递减。这主要是陕西省
北部的干燥度指数、沙尘天气指数和生态敏感性等负向值过高造成北部脆弱性
高，而陕西省南部的森林覆盖率、空气质量达标率等正向值较高降低了南部脆
弱性（图 7-2）。

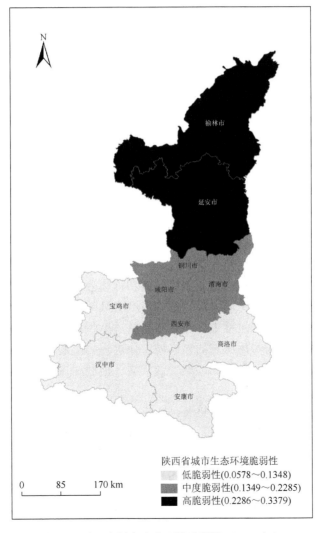

图 7-2　陕西省城市生态环境脆弱性（2015 年）

二、陕西省城市化资源环境压力的缓解措施

虽然目前陕西省城市化的资源环境状况总体来说比较乐观，但是作为西北地区资源环境、区位和社会经济基础组合条件最为优越的省份，陕西省担负着连接西部地区与中、东部地区，辐射和带动整个西部地区良性发展的重任。在未来的发展过程中，陕西省的城市人口与经济规模将会持续增大，集聚强度进一步提高。因此，为避免不合理的城市化发展给陕西省的资源环境基础造成过大的压力，本书将从城市化和城市的生产、生活方式两个方面，针对协调陕西省的城市化进程与资源环境基础间的关系提出对策措施。

（一）调整和优化城市化道路

1. 推行积极的、适度的、差异化的城市化政策

通过第四章的研究可知，虽然当前陕西省处于城市化快速演进的发展时期，但是城市化水平整体上仍略低于全国平均水平。发达国家和地区的实践证明，城市化是一种以规模经济和积聚经济方式让更多的人过上富裕生活的区域发展必经之路，想要实现社会经济的发展和人民生活水平的提高，就必须保证一定的城市化速度、规模和集聚程度。但是，为保障城市的可持续发展，城市所需的资源环境基础必须与资源环境供给相适应，城市化的速度、规模和集聚程度必须控制在一个适度的范围内。如果城市化进程过快会造成城市发展所需的资源环境基础大大超过区域的资源环境供给保障能力，那么会引发一系列资源危机和生态环境问题，造成过度城市化；而城市化进程过慢，虽然在某种程度上保护了生态环境，节约了资源，但也会限制现代工业集聚效应和规模效应的发挥，导致经济非农化程度低、城市建设滞后、劳动力大量过剩、社会低效等低度城市化现象出现。因此，在陕西省今后的发展过程中，应始终坚持适度积极的城市化政策，推动城市化尤其是一直处于相对滞后状态的人口城市化进程的发展，使更多的人可以分享现代工业发展带来的效益和福利，享受到优质、便利的城市生活和服务资源，从而实现发展的最终目的。

同时，鉴于陕西省区域差异显著，在推行适度积极的城市化政策时必须考虑不同区域、不同城市的具体情况，依据省内各城市的自然资源禀赋、社会人文条件等发展的基础，与其当前所处的发展阶段，科学核算与其资源环境保障能力相适应的、差异化的城市化指标，并在政绩考核时区别对待，防止脱离实际的盲目比较。

2. 坚持城市化主体多元化战略，加强区域中心城市和小城市建设

当前陕西省的城市体系最为显著的特点是西安市的首位度大，城市规模呈

首位分布。如表 7-4 所示，2015 年西安市市区的城镇人口占陕西省城镇人口的 31.1%，占据绝对优势。榆林市和汉中市分别作为陕南、陕北地区的区域中心城市，其市区的城镇人口仅占陕西省城镇人口的 9.1%和 5.4%。在这种单一主体过度集聚的背景下，一方面，首位城市西安市复合了行政、金融、物流、商贸、生产、科教、文化等多重功能，人口和经济要素的集聚规模大、程度高，城市的生产、生活消费和废弃物排放规模迅速扩大，对外部系统的间接和诱发资源环境供给保障的压力与依赖性也日益增大，造成区域物流成本的增加和城市物质保障的脆弱特征；另一方面，省内其他城市发展的起点低，集聚能力有限，缺乏资金、技术、人才等城市快速发展所必需的资源要素的有力支撑。长期以来，榆林市、汉中市等城市发展缓慢，软、硬件设施建设水平低下，无法形成真正意义上的、具有一定综合功能和集聚、辐射效应的区域中心城市，更无法承担起分散首位城市的人口、经济和资源集聚压力的职能。因此，这种一家独大的城市体系造成陕西省境内中型城市的功能缺位和城市体系整体效益的降低。

表 7-4 陕西省各城市城镇人口占陕西省城镇人口总数比重（2015 年）

指标	西安市	宝鸡市	咸阳市	汉中市	渭南市	铜川市	延安市	安康市	榆林市	商洛市
数量/万人	635.7	196.2	253.5	110.1	226.7	54.4	133.1	121.1	187.1	109.0
比重/%	31.1	9.4	12.4	5.4	11.1	2.7	6.5	5.9	9.1	5.4

资料来源：各市统计公报，《中国城市统计年鉴 2016》。

为缓解城市规模体系失调的负面影响，在今后的城市化发展过程中，陕西省应坚持多元化的城市化主体战略，加强区域中心城市和小城市建设。具体来说，第一，陕西省应加快大西安建设，以"西安-咸阳"为核心，以宝鸡为副中心，陇海铁路为轴线进行关中城市群的集群化发展。关中地区的资源环境条件和发展基础较好，应配合关中先进制造业基地建设，完善基础设施，提高发展质量，增强城市功能，促进特大城市与周围卫星城市的有机结合，提升整体发展水平和实力；第二，结合陕北能源矿产资源开发和能源化工基地的建设布局，着力建设以榆林、延安为中心，以西包铁路为主轴线，以青岛-银川高速公路和太原-中卫、神木-朔州铁路为副轴线的陕北能源化工基地城市群；第三，发挥陕南地区生物、矿产、水力等资源优势，以汉江和阳安铁路为轴线，以汉中、安康两区域中心城市为核心，汉中盆地和安康盆地为重点区域，大力发展以食品、制药、水电、旅游等绿色产业为主导的特色专业化城市，加强中心城市与周边城市间快捷交通与信息网络建设，促进陕南城市群的形成和发展。

3. 坚持集约型、内涵型、可持续的城市化模式

资源环境基础决定了我国不能走或拉美式的粗放型城市化道路，必须实施资源集约利用的内涵型城市化战略。对于身处西北内陆半干旱地区、生态环境脆弱的陕西省来说，更是要坚持集约型、内涵型、可持续的城市化模式。第一，陕西省及省内各城市不能过分地追求城市化发展速度，或者以剥夺其他地区的资源环境为代价提升自身的城市化水平，应以自身的资源承载能力和生态环境容量为前提，科学规划城市规模和城市化速度；第二，将推进城市化工作的重点转移到提升城市化的质量上来，加强城市的交通、供排水、污水处理、垃圾无害化处理和能源供应等基础设施建设，提高城市教育、医疗、文化等社会服务水平，改善城市生态环境，促进花园城市和森林城市建设，增大城市的开放空间，走内涵型的城市化道路；第三，陕西省的生态环境脆弱，随着城市数量的增加、城市规模的扩大和城市经济的迅速增长，城市化发展与生态环境的冲突日趋明显。关中地区城市发展将面临缺水和用地紧张问题，陕南秦巴山地城市发展面临建设用地紧缺和滑坡、泥石流等地质灾害问题，陕北黄土高原，尤其是陕北能源化工基地建设面临着水资源短缺、土地沙漠化和水土流失等多重生态因素的制约。因此，陕西省在推进城市化进程的过程中，应充分考虑城市和区域的生态脆弱性与敏感性，坚持节水、节地、节能的、可持续的城市化模式。

（二）建设资源利用效率高、环境友好的低碳型城市

"低碳经济"（low-carbon economy）的概念首先由英国在《我们未来的能源——创建低碳经济》白皮书中提出，该书指出，低碳经济是通过更少的自然资源消耗和更少的环境污染，获得更多的经济产出，它不仅是创造更高的生活标准和更好的生活质量的途径与机会，也为发展、应用和输出先进技术创造了机会，同时创造了新的商机和更多的就业机会。对城市来讲，低碳城市是指在城市生产和生活实践中运用低碳经济理论组织经济活动，将传统城市经济发展模式改造成低碳型的新经济模式，即"三低三高"模式（低能耗、低污染、低排放和高效能、高效率、高效益）。低碳城市的建设不仅包含了传统的产业结构、工业结构和能源结构等方面的转变，也涉及了城市生活方式和消费方式等领域，是从本质上触动了城市社会经济的发展方式。

基于对陕西省城市化的资源环境基础的演进过程和发生机理的分析，本书认为建设资源利用效率高、环境友好的低碳型城市是促进今后陕西省城市化与资源环境基础协调发展的必然选择。本章将分别从城市第二产业、第三产业、能源消费、城市生活和城市碳汇五个层面对陕西省建设资源高效利用、环境友好的低碳型城市进行详细阐述。

1. 优化第二产业结构，建立循环经济园区，减少诱发占用

在现代经济体系当中，第二产业是资源消耗量最大、环境影响效应最显著的部门。而陕西省第二产业的年均增速远远超过第一产业和第三产业，对国民经济增长的贡献率在 50%以上，在区域经济发展中的主导和带动作用十分明显。西部大开发以来，陕西省重点对以纺织、电子、机械等制造业为主体的传统工业结构进行调整，逐渐形成了以新型能源化工、先进装备制造、有色冶金、食品、医药和航空航天器制造为主体的新工业结构。目前陕西省正处于工业化和城市化快速推进的阶段，在未来较长的一段时期内工业仍将是其快速发展的主要推动力。但是陕西省具有比较优势的行业都是国际上公认的高碳产业，如能源、石化、建材、有色金属，以及由此衍生出的汽车、航空、机械、电子、化工和建筑等。因此，在减排压力日益增大的新背景下，陕西省应更加合理地设计重工业产能，重视产业结构的优化，对现有产业进行整合和布局调整，结合产业链建立资源高效利用的循环经济园区，有选择地淘汰一批粗放的化石能源密集型产业，抵制来自发达国家和地区的碳密集产业和高能耗项目，并积极利用自身的科技优势大力发展知识密集型和技术密集型等低碳产业项目。

2. 聚焦产业链两端，大力发展现代服务业

作为为生产和消费提供服务的经济部门，第三产业的资源消耗强度和环境的影响强度相对较小，但是经济产出效益很高，而且对促进就业、改善民生、提高城市生活质量具有重要的意义。1952～2015 年，陕西省第三产业产值由 2.53 亿元增长到 7342.10 亿元，增长了 2901 倍，第三产业占 GDP 比重由 19.7%增加到 40.7%，低于全国 50.2%的全国平均水平。在第三产业内部，作为主要碳排放源的交通运输业比重为 9.7%，高于全国 8.8%的全国平均水平，而无碳和低碳的金融业与房地产业的比重分别低于全国平均水平 2 个和 3 个百分点。作为西北地区最靠近东、中部发达地区，生态、科技和产业等资源组合条件最具优势的省份，陕西省应将自己定位为西北地区的现代服务业中心，聚焦产业链的两端，大力发展研发、文化创意、旅游、会展、金融、保险、物流、销售和互联网等低碳服务业领域。陕西省具有深厚的文化资源和极佳的区位条件，尤其应注重构建文化、会展、旅游、物流、金融一体化产业链，使其成为提升整个陕西省服务业快速发展的主导力量。

3. 改善能源消费结构，提高能源利用效率

根据气候变化政府间专门委员会（Intergovernmental Panel on Climate Change, IPCC）第四次评估报告，CO_2 排放的主要来源是矿物能源的燃烧，其 CO_2 排放量占碳排放总量的比重高达 95.3%（不包括森林采伐及生物量减少所造成的 CO_2 增加）。因此，改善能源消费结构，提高能源利用效率对减少碳排放具有重要的意义。对陕西省的能源消费来说，虽然依赖以煤炭为主的矿石能源的现状不可能在短期内迅速改变，但是可以通过对包括太阳能、风能、水能、生物质能和核能等众多低碳或无碳能源的综合开发利用改善能源消费结构。陕西省北部是我国太阳能资源较为丰富的地区，全年日照时数为 2200～3000h，辐射量在 $502 \times 10^4 \sim 586 \times 10^4 kJ/(cm^2 \cdot a)$，相当于 170～200kg ce 燃烧所发出的热量，是推广太阳能集热的适宜区域。对清洁能源的利用不一定局限在陕西省本省，北部内蒙古自治区是我国最大的风电生产基地，陕西省可以争取利用内蒙古自治区的风电资源，降低自身的碳排放量。

新能源的基础设施建构需要巨额的资金投入和较长的建设周期，因此陕西省应将提高能源利用效率与调整能源结构结合起来，发挥陕西省作为西部地区科研院所最集中的科技大省和全国重要的能源重工业基地的优势，研发低碳技术、节能技术和减排技术，对传统的工业企业进行低碳化技术改造和管理体制革新。从榆林市、西安市和汉中市的单位 GDP 能耗与全国及世界其他国家和地区比较可知（表 7-5），陕西省的能源利用效率尚有较大的提升空间。在政策层面上，陕西省政府应在财税、征地、用工等方面制定相应的引导政策，限制和淘汰高碳能源、高碳工业与高碳产品，鼓励企业投资低碳产业领域或对原企业进行低碳化改造。

表 7-5　世界部分国家人均 GDP、人均能耗、人均用油量、发电量和单位产值能耗

地区	人均 GDP/美元	人均能耗/kg ce	人均用油量/kg ce	人均发电量/(kW·h)	单位 GDP 能耗 /(t ce/10^6 美元)
中国	2 016	1 874	276	2 161	922
美国	44 237	11 100	3 136	14 208	251
日本	34 182	5 816	1 839	9 003	170
德国	35 171	5 697	1 499	7 719	162
英国	39 371	5 368	1 363	6 613	136
法国	36 662	6 160	1 525	9 382	168
意大利	31 706	4 455	1 467	5 391	141
加拿大	38 906	14 115	3 029	17 928	363
俄罗斯	6 897	7 092	905	6 989	1 028
韩国	18 391	6 678	2 180	8 611	363
印度	799	545	108	655	682
欧盟 25 国	31 581	5 350	1 535	7 310	169
OECD	31 473	6 796	1 935	9 016	216
世界	7 387	2 384	597	2 919	323

注：OECD 全称为 Organization for Economic Cooperation and Development，经济合作与发展组织。
资料来源：世界银行；国际货币基金组织；BP 世界能源统计评论，2008。

4. 倡导绿色消费，塑造低碳城市生活

现代城市是人类文明与财富的集聚之地，但同时也是污染物和CO_2的主要排放源地，因此城市地区和城市生活成为低碳化改造的重点领域。建设低碳城市，应从以下三个方面着手：①塑造低碳化的城市建筑，避免建设高能耗的高层建筑和玻璃建筑，鼓励建设单位面积耗能低的生态办公区（ecological office district，EOD）。在建筑设计上充分利用太阳能，选用隔热保温的建筑材料、节能型取暖和制冷系统，合理设计通风和通光系统。在运行过程中，倡导居住空间的低碳装饰，选用环保材料，避免过度装修。②塑造低碳化的城市交通，城市交通工具是温室气体的主要排放源，首先应大力发展公共交通系统，优化城市内部和城市之间的公共交通路网和管理系统，塑造便捷舒适的公共交通出行环境，鼓励在西安市、榆林市等大型城市和区域性中心城市发展快速轨道交通系统；其次，倡导发展以混合燃料、电能、氢气、生物乙醇和太阳能等清洁能源为动力来源的低碳排放的交通工具。③塑造低碳化的城市生活，在市民日常生活中倡导全方位的绿色消费，如在家庭推广使用节能灯等节能家用电器、合理设置空调温度等，号召和鼓励市民从生活细节着手，有效地降低碳排放量。

5. 植树种草，扩大城市碳汇

碳汇是指自然界中碳元素的寄存体。建设低碳城市不仅要求从碳源上有效遏制碳排放，还应尽可能增加碳汇，从而使实际碳排放量有所降低。研究表明，地球上最有效的碳汇是以森林为主的绿色植被。因此，陕西省应在推动社会经济快速发展的同时，实施城市绿化工程和宜居环境建设工程，提高建成区绿地率，在城市中心区、建筑物屋顶、街道两侧、环城道（公）路和铁路两侧、河湖岸滩及山坡，结合地形，因地制宜地植树种草，形成"点、线、面"相结合的城市绿化系统，扩大有效碳汇。

（三）加强科学、高水平规划的指导

城市规划是指城市管理机构为实现城市的社会经济发展目标，依据当地的自然环境、资源条件、开发历史和现状特点，对城市在未来一定时期内的发展方向、职能、规模、路径、战略和实体空间布局等方面所做的预先设计与综合部署，是指导城市发展、建设和管理的依据。科学合理的城市规划对于正确处理城市与国家、区域和其他城市之间的关系，城市内部各项建设项目的资源配置关系，城市经济效益、社会效益和环境效益之间的关系具有重要的积极意义。实践表明，城市规模不是越大越好，城市产业也不是越集聚越好，当城市的集聚效益与外部成本之差最大时，城市就处在最佳规模或合理规模之上。因此，在进行城市体系规

划和城市规划时，陕西省及各城市应首先估算出规划对象的资源承载力和生态环境容量，依据当地的资源禀赋、环境基础、经济水平、就业空间、基础设施和公共服务供给能力等合理确定其城市规模、职能和发展战略。其次，以建设资源节约型和环境友好型城市为总体指导思想，借鉴德国城市化过程中节能、节地的经验，大力提倡建设节水、节地、节材、节能和低碳的集约型城市建设。再次，应理顺各级各类规划间的关系，特别是经济社会发展规划、城市规划和土地利用规划之间的关系，衔接好城市规划与经济社会发展规划、土地利用规划、生态环境保护规划、交通水利等基础设施建设规划和文物保护规划等相关规划。最后，加强城市的水源地、文物古迹保护区、自然保护区和生态隔离带等具有重要的经济、文化和生态功能的区域的相关规划工作，促进城市的综合开发和可持续发展。

第二节　典型城市城市化的资源环境压力评估与缓解措施

一、典型城市城市化的资源环境压力评估

（一）整体资源环境压力较大

陕西省的水、土和能源等资源要素的空间组合配置具有强烈的不平衡特征，因此在省域尺度下得到的、关于资源环境供需状况的乐观结论并不适合于陕西省内的典型城市。当前陕西省内各典型城市的城市化均面临着较大的资源环境压力。

从典型城市来看，除了汉中市的人均淡水资源和榆林市的人均能源资源两项指标的供需差为正值外，其余的指标均为负值。这表明各典型城市除了在自身的个别优势资源方面能够做到自给自足或有所盈余外，其他维持城市生存和发展所需的资源环境要素很大程度上依赖外部系统的输入。

（二）资源环境压力的要素分异

从各城市资源环境压力分异来看，各典型城市城市化的主要资源环境制约因素存在显著的差异。对处于半干旱地区、以能源重化工业为主导产业的榆林市来说，淡水资源对城市化的压力最大；对人口和经济要素高强度、高密度集聚的西安市来说，各项资源要素的供需差均为负值，表明维持西安市生存和发展的绝大部分土地、淡水和能源资源需要由外部调入。其中，西安市能源资源的稀缺程度最明显；对资源环境组合条件相对优越的汉中市来说，资源环境要素的供需状态相对平衡，区域的水资源充足供给，土地资源和能源的供需状况也较好。

二、典型城市城市化资源环境压力的缓解措施

对陕西省内的典型城市来说，缓解城市化的资源环境压力、协调城市与资源环境基础的关系，除了做到科学规划、优化调整城市化道路、改善城市生产和生活方式、提高城市的资源利用效率等，还应该针对各典型城市城市化发展的主要资源环境制约因素，依据各城市的发展基础和阶段，着眼于城市自然和人文资源的综合开发与深度开发，选择相对来说成本最低、效益最高的发展方向、切入点和模式，以达到在快速发展的同时，降低城市发展的资源环境基础、缓解城市化的资源环境压力、促进区域可持续发展的目标。

（一）榆林市

榆林市的煤炭、天然气、岩盐等能源和矿产资源的储量、品质与赋存条件十分优越，但是其土地生产力较低、水资源缺乏、风蚀沙化和水土流失严重、生态环境非常脆弱。当前，榆林市正处于以能源重化工业为主导的工业化初期阶段，产业结构严重失调，第二产业在 GDP 中的比重高达 70%以上，能源类相关产业在规模以上工业总产值中的比重高达 90%以上。在三个典型城市的横向对比中，榆林市城市化所占用的人均资源环境基础最大，资源环境的利用效率最低、方式最粗放。基于榆林市的基本情况，为协调城市发展与资源环境基础间的关系，本书认为榆林市应抓住自身在盐、能源资源、特色地域景观和文化方面的优势，调整城市的发展思路，把区域开发的重心从扩大能源资源生产规模转移到以下三个方面。

1. 延长能矿资源加工链，建设内涵型发展的资源型能矿城市

依托国家能源化工基地建设，坚持以"高起点、高科技、高效益、高产业链、高附加值和高度节能环保"作为能矿资源开发的指导思想，以"三个转化"（煤向电力转化，煤电向载能工业品转化，煤、气、油、岩盐向化工产品转化）为重点，延长能矿资源加工链，提高产业的加工度，增加产品附加值。整合、扶持和培育一批地方大企业集团，重点构建煤电及材料工业，煤化工，煤制油，煤、油、气、盐化工产品四大产业链，并注重产业链前后端的配套产业的培植，积极发展循环经济，将榆林市建设成为内涵型发展的资源型能矿城市。

2. 注重区域资源的综合开发，积极培育多领域的优势产业

为了避免资源诅咒的出现，榆林市的发展不能过分依赖单一的能源或矿产资源，必须对区域资源进行综合开发，培育多领域的优势产业：①特色农牧产品种植（养殖）与加工业。充分发挥榆林市在草、羊、枣、薯等特色农牧产品种植上

的传统优势，重点发展肉制品、薯制品、枣类饮料等特色农牧产品的加工和营销环节，延伸产业链条，提高产品档次，培育知名企业和品牌。②特色地域景观与文化旅游业。依托榆林市农牧交错的特色地域景观和文化，大力发展大漠风情游、绿色生态游、宗教特色游、陕北民俗文化游、历史文化名城游、红色文化游和能源化工基地科普游等精品项目。同时，积极发展旅游配套产业，提升城市的基础设施建设水平和旅游接待能力，研制和开发剪纸、泥塑、雕刻、绘画等特色旅游产品，提高旅游产业的综合效益。

3. 重视水资源的保护、节约和高效利用，加强生态环境保护

榆林市处于半干旱地区，水资源对城市生产和生活的约束作用十分显著。在今后的发展过程中，榆林市应加强水资源的宏观调控与管理，高度重视水资源的保护、节约和高效利用，推广农业节水灌溉，提高工业用水重复利用率，增强市民的节水意识，加快城市节水、污水处理和再生水利用设施建设。

榆林市的生态环境敏感脆弱，风蚀沙化和水土流失现象十分严重。随着能源矿产资源的大规模开发，榆林市的工业废水、废气和固体废弃物排放量迅速增大，矿区沉陷现象频发，生态环境遭到进一步破坏。在今后的发展过程中，榆林市应从防治污染和加强生态环境建设两个方面着手改善生态环境：①以能源化工基地建设中存在的环境污染问题为重点，从技术、管理多个层面减少工业"三废"排放，展开煤矿塌陷区的专项治理工作；②以建设陕北绿色生态城市为目标，按照"南治土、北治沙"方针，继续实施退耕还林还草、封山禁牧、天然林保护和黄河中上游水土流失综合治理等工程，并将生态环境建设与产业开发、富区富民相结合，切实提高居民的收入水平，改善居民的生活环境。

（二）西安市

西安市复合了陕西省的行政、金融、物流、商贸、制造、科教、研发、旅游和文化中心的多重功能，城市基础设施建设水平较高、科教文化等软实力较强。目前西安市正处于高加工度化和内涵型发展的工业化中后期阶段，城市职能逐渐由生产型向服务型转变。在各典型城市比较中，西安市城市化所占用的人均资源环境基础最小，但是高密度、高强度的人口和经济集聚给西安市的资源环境供给保障造成了很大的压力。

在今后的发展中，西安市应继续发挥自身的历史文化优势、科技教育优势、旅游资源富集优势和综合经济优势，依据《关中-天水经济区发展规划》和"一带一路"倡议建设中对西安市的发展定位（国家重要的科技研发中心、区域性商贸物流会展中心、区域性金融中心、国际一流旅游目的地及全国重要的高新技术产业和先进制造业基地），继续推进城市职能由生产型向服务型的转变。在产业部门上，重点发展高新技术产业、装备制造业、旅游业、现代服务业和文化产业。在城市建设和空间组织上，重点实施行政中心迁移与古城复兴保护、"四区一基地"（高新技术产业开发区、经济技术开发区、曲江新区、浐灞生态区、阎良航空产业基地）建设和城中村改造等规划项目，不断完善基础设施建设和社会综合服务功能，将西安市发展成为具有历史文化特色的、能够辐射带动整个西北地区的、服务型的现代化国际大城市。

（三）汉中市

汉中市的区位条件良好，水、土、热、矿等自然资源组合条件优越，生物资源和矿产资源的比较优势明显，交通便利，具备一定的制造业基础，是以"三国文化"为主的国家级历史文化名城。当前，汉中市正处于工业化初期向中期过渡的阶段，社会经济发展的主要驱动力来自水、土和矿产资源初级开发。在三个典型城市的横向对比中，汉中市城市化所占用的人均资源环境基础居于西安市和榆林市之间。当前，汉中市社会经济发展的主要挑战和压力来自于以下几个方面：①产业结构水平低，第一产业比重居高不下，第二产业比重持续上升，第三产业比重相对减小；②资源的加工程度低，产业链短，附加值低；③冶金建材等产业的快速发展给水、土、矿产资源和生态环境带来很大压力。

基于汉中市的基本情况和当前面临的主要问题，为协调城市发展与资源环境基础间的关系，本书认为汉中市应抓住自身在生物资源、区位、文化和矿产资源方面的优势，把资源开发重心从扩大生产规模转移到延长资源加工链、提高产业的加工度和增加产品附加值上来，将农林产品加工和流通业、先进制造业、三国文化和生态科普旅游业培养成为汉中市的新支柱产业。

1. 农林产品加工和流通业

依托汉中市丰富的生物资源和便利的立体交通条件，以市场为导向，以科技为先导，以企业为主体，重点发展食品加工业和现代医药业两大领域的研发、生产和流通。其中，食品加工业主要包涵烟草、酒、优质茶叶和茶饮料、肉制品、果蔬加工品和乳制品等部门。在食品加工业发展的过程中，应注重包括研发、种植、养殖、加工、品牌经营、销售等环节在内的产业链的培育，塑造知名企业和品牌，提高产品的档次，促进产品向方便、安全、卫生、营养和保健等方向多元化发展。在现代医药领域，运用生物工程技术和现代中成药技术，改良现有药物的品质，开发研制一批具有自主知识产权的高效新药，形成从种植、饮片到新药研制、流通的天然药物产业链，将汉中市建成国内著名的优质中药材药源基地、区域中药流通和集散中心，拥有知名品牌、具有较强经济技术实力的现代中药产业和加工生产基地。

2. 先进制造业

利用汉中市在矿产资源禀赋方面的优势和在装备制造与军工企业方面的产业基础，重点发展以装备制造业、冶金建材业和军工企业为代表的先进制造业。其中，在装备制造业领域，主要发展飞机、汽车等交通运输设备制造、传感器、变压器、仪器仪表、数控机床和专用设备的制造；在冶金建材领域，调整钢铁企业、锌冶炼企业和建材行业的产品结构，淘汰落后工艺技术设备，积极采用节能、环保和资源综合利用的先进技术和工艺，促进技术进步和产品升级；在军工企业领域，加快国防科技工业同地方经济的融合，开发具有市场竞争力的民品产业。抓住国家大力发展核电的机遇，扩大核燃料的生产规模，将汉中市建成我国核电燃料的重要供应地。

3. 三国文化和生态科普旅游业

随着西汉（西安—汉中）高速公路的通车，汉中市的旅游产业迎来了一个新的发展机遇。汉中市应充分挖掘汉中市的历史文化资源和生态价值，整合旅游资源，塑造"三国文化"与"生态科普胜地"两个旅游品牌，重点开发"两汉三国"文化旅游产品与珍稀动植物观赏考察、休闲度假旅游等生态旅游产品。同时，加快交通、餐饮、住宿等一系列旅游配套设施和服务的建设，加强对旅游业的监督管理，塑造汉中市的良好旅游形象，将旅游业培育成汉中市经济社会发展的新增长点。

本 章 小 结

本章分别以陕西省及其典型城市为研究对象，首先将维持研究对象生存和发展所需要的资源环境基础，与研究对象自身能够实际提供的水、土和能源资源供给情况进行供需平衡分析，以评估研究对象当前所面临的资源环境压力；然后，依据第六章对城市化资源环境基础演变的影响因素和发生机理的分析，对缓解研究对象城市化的资源环境压力、协调城市化与资源环境基础之间的关系提出缓解措施与对策建议。主要结论如下。

首先，通过对省域尺度下，陕西省城市化的资源环境供需平衡状态及城市"资源-环境"系统脆弱性的研究可知，从要素总量来看，陕西省城市化的资源环境保障状况较为乐观，各类资源环境要素均能满足城市生存和发展的需要。从资源环境承载能力的角度来说，陕西省的城市化水平、经济规模、人口与经济要素的集聚强度尚有较大的提升空间；从人均资源占有量来看，陕西省的能源资源优势突出，淡水资源缺乏将是陕西省城市化快速发展最为显著的制约因素。为避免不合理的城市化发展给资源环境基础造成过大的压力，本书认为陕西省应从两个方面着手协调城市化进程与资源环境基础间的关系：一方面从城市化入手，在速度、政策、主体、模式和重点领域等方面进行科学规划和调整；另一方面从改善城市的生产和生活方式着手，建设资源利用效率高、环境效益友好的低碳型城市。

然后，由于陕西省的水、土和能源等资源要素的空间组合配置具有强烈的不平衡特征，在省域尺度下得到的关于资源环境供需状况的乐观结论并不适合于陕西省内的典型城市。从整体上讲，陕西省各典型城市的城市化均面临着较大的资源环境压力，除了在自身的个别优势资源方面能够做到自给自足或有所盈余外，维持城市生存和发展所需的资源环境要素很大程度上依赖外部系统的输入。

从各城市的分异来看，各典型城市城市化的主要资源环境制约因素存在显著的差异：淡水资源对地处半干旱地区的榆林市的城市化压力最大；西安市的人口和经济要素集聚强度高、密度大，绝大部分资源需要由外部调入，其中以能源资源表现最为突出；汉中市的资源环境组合条件相对优越，资源环境供需状态比较平衡，土地资源的供需比相对最小。

对陕西省内的典型城市来说，缓解城市化的资源环境压力、协调城市与资源环境基础的关系，除了做到科学规划、优化调整城市化道路、改善城市生产和生活方式、提高城市的资源利用效率等几点外，还应该针对各典型城市城市化发展的主要资源环境制约因素，依据各城市的发展基础和阶段，着眼于城市自然和人文资源的综合开发与深度开发，选择相对来说成本最低、效益最高的发展方向、切入点和模式，以达到在快速发展的同时，降低城市发展的资源环境基础、缓解城市化的资源环境压力、促进区域可持续发展的目标。具体城市的发展建议如下。

（1）榆林市应抓住自身在盐、能源资源、特色地域景观和文化方面的优势，调整城市的发展思路，把区域开发的重心从扩大能源资源生产规模转移到延长能矿资源加工链、培育多领域的优势产业、重视水资源的节约和高效利用、加强生态环境保护建设等方面，将榆林市建设成为内涵型发展的资源型能矿城市。

（2）西安市应继续发挥自身的历史文化优势、科技教育优势、旅游资源富集优势和综合经济优势，依据《关中-天水经济区发展规划》中对西安市的发展定位（国家重要的科技研发中心、区域性商贸物流会展中心、区域性金融中心、国际一流旅游目的地及全国重要的高新技术产业和先进制造业基地），继续推进城市职能由生产型向服务型的转变。

（3）汉中市应抓住自身在生物资源、区位、文化和矿产资源方面的优势，延长资源加工链、提高产业的加工度和增加产品附加值上来，将农林产品加工和流通业、先进制造业、三国文化和生态科普旅游业培养成为汉中市的新支柱产业。

第八章 结论与展望

本书以陕西省为例，对其在历史时期和自中华人民共和国成立以来的城市发展与资源环境要素占用情况展开研究，旨在探讨城市发展与资源环境消费之间的作用关系。具体主要进行了以下几个方面的工作。

第一，通过对西周至唐朝末期，关中地区城市兴衰的历史及其资源环境驱动力的研究，探讨了在人类改造自然的能力相对较弱的古代时期，城市发育与资源环境之间的关系，明确了气候和水、土资源要素对古代城市发展的重要意义。

第二，基于城市生态系统的基本特征，依据城市生存和发展所必需的资源环境要素，构建城市资源环境基础的概念，该概念涵盖了自然界的淡水、耕地、森林、草场、能源和矿产六种资源要素，可用于探讨城市发展所需的资源环境要素的综合状态。其中，水、土两大类资源还可以依据其对城市发育的保障功能和方式细分为直接、间接和诱发三大类型。

第三，以陕西省及其境内不同类型区域的典型城市为研究对象，对其自中华人民共和国成立以来的城市化过程，以及城市对土地、淡水和能源资源的消费情况展开定量分析与纵、横向比较，探讨了现代城市发育与资源环境消费之间的作用关系，以及在不同自然和社会经济背景下，不同发展模式的城市在资源环境占用上的时空分异。

第四，总结陕西省及各典型城市的资源环境基础演变特征，并从资源赋存、生产能力与方式、消费水平与结构、城市软实力等方面对资源环境基础演变特征的发生机理展开探讨。

第五，将维持研究对象生存和发展所需要的资源环境基础，与研究对象自身能够实际提供的水、土和能源资源量进行供需平衡分析，评估了研究对象当前所面临的资源环境压力，并提出了相应的压力缓解措施和对策建议。

第一节 主 要 结 论

一、古代关中地区城市兴衰及其资源环境驱动力分析的主要结论

古代关中地区城市兴衰的历史反映了气候和水、土资源要素对古代城市发展的重要意义。

（1）唐代末期，关中地区以干旱化为主要特征的气候变化造成了区域水热组

合条件的变异，降低了土地的生产能力，从而影响了农业生产，动摇了古代农业社会的立足根本，最终引发了民族迁移和战乱。

（2）西周至唐宋时期，关中地区的城市发展由快转慢、由盛转衰的根本原因在于其"内外交困"的资源环境基础：在气候趋于干旱化、土地生产力降低的情况下，一方面，由于人口的大规模集聚和不恰当的资源开发行为，关中及周边地区的森林、草场、河流等水、土资源环境要素均面临着紧张的压力；另一方面，降水减少、水土流失等因素造成了渭河航运的中断，从而使关中地区的城市发展丧失了稳定有力的外部补给支撑。

二、省域尺度研究的主要结论

1. 陕西省城市化进程的时间特征

（1）阶段性。依据城市化的演变速度和方向，陕西省的城市化进程可以细分为三个阶段，即初始发育阶段（1949～1978年）、一般快速发展阶段（1979～1999年）和高速推进阶段（2000～2015年）。

（2）经济城市化在陕西省的进程中起着主导作用，对整体城市化曲线走势的影响最大。

（3）经济城市化水平始终领先于人口城市化水平，在陕西省城市化的初始发育阶段、一般快速发展阶段和高速推进阶段，经济城市化平均高出人口城市化率19个、31个和37个百分点。

（4）从全国范围的比较来看，1949年以来陕西省的城市化进程整体上滞后于全国平均水平。2000年以后，陕西省的城市化进程显著加快，与全国均值的差距逐渐缩小。

2. 陕西省城市化的资源环境基础特征

（1）从数量和结构变化来看，陕西省城市化的水土直接占用量呈波动性变化，但是变动幅度较小，间接占用量迅速减少，诱发占用量持续增加，水、土资源占用结构由以间接占用为主体的"纺锤形"结构，逐渐演变为诱发占用占优势的"倒金字塔形"结构；对能源资源来说，随着城市化速度的加快和水平的提高，陕西省的城市煤炭、石油和天然气消费量整体上均出现了增长。2000年以后，各种能源资源的消费增速明显加快，其结构呈现出"以煤为主，煤退油（气）进"、逐渐多元化的演变特征。

（2）从城市化水平与资源占用量的相关性来看，陕西省的城市化率与直接水、土资源占用量和能源消费总量的相关性最为显著。受间接水、土资源占用量与直接、诱发水、土资源占用量逆向变化的影响，陕西省城市化水平与水、土资源占用总量的相关性表现得最弱；由于天然气的规模化开发和利用始于20世纪70年代末，因此在研究时段内（1952～2015年），陕西省的天然气消费量与城市化水平的相关性表现得最弱。

（3）从城市化水平与资源占用量的相关关系来看，陕西省的城市化水平与直接和诱发水、土资源占用量及各种能源资源消费量均呈正相关关系，与间接水、土资源占用量和水、土资源占用总量呈阶段性变化，即以城市化率达到某一水平为界（人口城市化率达到35%，经济城市化率达到75%，整体城市化率达到55%），之前城市化水平与间接水、土资源占用量和资源占用总量呈负相关关系，之后呈正相关关系。

（4）从单位城市化率对应的资源占用量来看，在陕西省城市化的初始发育阶段和一般快速发展阶段，单位城市化率对应的直接和诱发水、土资源占用量及能源资源占用量为正值，间接水、土资源占用量均为负值。这表示随着城市化水平的提高，表征供城市居民"立身"之需和"环境"之需的直接和诱发水、土资源占用量及能源占用量不断增加，而供"果腹"之需的间接水、土资源占用量不断减少。进入城市化高速推进阶段后，单位城市化率对应的直接、间接和诱发水、土资源占用量均为正值，能源资源占用量大幅增加，表明该阶段城市发展对资源环境的需求强度全面增大。

3. 不同类型的资源环境要素占用特征

（1）水、土资源占用结构由"纺锤形"演变为"倒金字塔形"。中华人民共和国成立以来，陕西省在城市化进程中的水、土资源占用结构演变主要呈现出以下特征，即用以满足城市居民"果腹"之需的间接占用量比重不断减少，用以满足城市居民"环境"之需的诱发占用量比重持续增加，从而使城市的水、土资源占用结构呈现出由"纺锤形"向"倒金字塔形"演变的特征。这种结构演变表明随着社会经济的发展、科学技术水平的提高和相关政策、制度等配套软环境的逐渐完善，吃饭问题已经不再是困扰城市居民的首要问题，而城市生态环境、人居环境的保护和建设成为现代城市在发展过程中必须重点考虑的关键问题。

造成这种结构变化的主要原因在于：一方面，农用地生产力的提高和畜产品农区化的格局变化促使农业生产力大幅度提高，单位农产品和单位畜产品的占地量锐减，从而造成城市的间接资源占用不断缩减；另一方面，城市生态系统本身固有的缺陷性，即分解者缺位、物质能量单向线性循环的特性无法与现代城市逐渐多元化的功能相匹配，二者的矛盾和失调促使现代城市的诱发资源占用持续扩大。

（2）不同资源环境要素在城市消费中的保障地位具有差异性。在陕西省70

年的现代城市化进程中，从资源要素类型来看，不同资源要素在现代城市化的资源环境基础上有着不同的地位，即水、土两大传统资源要素在现代城市发展的资源消费中依然具有显著的基础性和不可替代性，与工业化进程密切相关的能源资源在城市消费中的地位越来越重要。

其中，水、土两大传统资源要素的基础性主要是由水、土要素在功能上的不可替代性决定的。只是在现代生产和贸易背景下，水、土资源要素对城市发展的保障形式更加多元化，保障区域更加开放和宽广，因而在某些情况下，使水、土资源在城市资源保障中的作用显得相对间接和隐秘；能源资源在现代城市资源消费中的地位越来越重要，主要原因在于能源资源与工业化进程密切相关，以及能源资源保障方式的开放性和保障范围的广域性。前者强调了能源资源在城市资源消费中不可或缺的重要地位，后者淡化了能源资源在空间分布上的不均衡特征，保证了能源资源的可得性，使在全球范围内普遍大规模使用能源资源成为可能。

4. 陕西省城市化的资源环境压力缓解措施

通过对陕西省城市化的资源环境供需平衡状态的研究可知，从资源总量来看，陕西省城市化的资源环境保障状况较为乐观，各类资源环境要素均能满足城市生存和发展的的需要。从资源环境承载能力的角度来看，陕西省的城市化水平、经济规模、人口与经济要素的集聚强度尚有较大的提升空间；从人均资源占有量上来看，陕西省的能源资源优势突出，淡水资源缺乏将是陕西省城市化快速发展最为显著的制约因素。

为避免不合理的城市化发展给资源环境基础造成过大的压力，本书认为陕西省应从两个方面着手协调城市化进程与资源环境基础间的关系：一方面从城市化入手，在速度、政策、主体、模式和重点领域等方面进行科学规划和调整；另一方面从改善城市的生产和生活方式着手，建设资源利用效率高、环境效益友好的低碳型城市。

三、城市尺度研究的主要结论

1. 典型城市的城市化进程特征

（1）从类型来看，依据推进城市化的主导资源要素，本书在陕西省内选取的典型城市的城市化可以划分为三种类型：①基于单一能源资源开发的城市化——榆林市；②基于自然和人文资源综合深度开发的城市化——西安市；③基于水土和矿产资源初级开发的城市化——汉中市。

（2）从纵向比较的角度来看，榆林、西安和汉中市的城市化进程在不同的发展时期存在方向和水平上的差异与波动变化。但是从整体趋势来看，各典型城市的人口、经济和整体城市化均呈现出增长的发展态势，而且表现出相似的阶段性特征，即可以细分为波动增长（1949～1978 年）、一般增长（1979～1999 年）和快速增长（2000～2015 年）三个阶段。

（3）从横向比较的角度来看，中华人民共和国成立以来基于自然和人文资源综合开发的西安市的城市化水平始终高于其他两座城市。对比以能源资源开发为主要驱动力的榆林市，与以水土和矿产资源初级开发为驱动力的汉中市的城市化进程，结论呈现出阶段性的特征。

2. 典型城市资源环境基础的横向比较特征

基于自然和人文资源综合开发深度的西安市的城市化所占用的人均资源环境基础最小，以单一能源资源开发作为主要驱动力的榆林市的城市化所占用的人均资源环境基础最大，以水土和矿产资源初级开发为主要驱动力的汉中市的城市化所占用的人均资源环境基础居中。

产生这种资源环境占用差异的根本原因在于各城市发展的基础、和所处的发展阶段的不同。所谓发展的基础包括城市的自然资源禀赋、生态环境、社会人文资源和传统风俗习惯等，发展的基础决定了城市发展的可能方向和功能定位；发展的阶段主要是指城市目前所处的工业化阶段。发展阶段的不同，造成了城市生产方式、生产效率、消费水平和软实力的差异，进而影响城市的发展成本和发展的外部效应，最终影响到城市发展过程中的人均资源环境基础占用情况。

3. 典型城市的资源环境压力缓解措施

（1）由于陕西省的水、土和能源等资源要素的空间组合配置具有强烈的不平衡特征，在省域尺度下得到的关于资源环境供需状况的乐观结论并不适合于陕西省内的典型城市。

（2）从整体来看，陕西省各典型城市的城市化均面临着较大的资源环境压力，除了在自身的个别优势资源方面能够做到自给自足或有所盈余外，维持城市生存和发展所需的资源环境要素很大程度上依赖外部系统的输入。

（3）从各城市的分异来看，各典型城市城市化的主要资源环境制约因素存在显著的差异：淡水资源对地处半干旱地区的榆林市的城市化压力最大；西安市的人口和经济要素集聚强度高、密度大，绝大部分资源都需要由外部调入，其中以能源资源表现得最为突出；汉中市的资源环境组合条件相对优越，资源环境供需状态比较平衡，土地资源的供需比相对最小。

（4）从陕西省内的典型城市来看，缓解城市化的资源环境压力、协调城市与资源环境基础的关系,除了做到科学规划、优化调整城市化道路、改善城市生产和生活方式、提高城市的资源利用效率等几点外,还应该针对各城市城市化发展的主要资源环境制约因素,依据各城市的发展基础和阶段,着眼于城市自然和人文资源的综合开发与深度开发,选择相对来说成本最低、效益最高的发展方向、切入点和模式,以达到在快速发展的同时,降低城市发展的资源环境基础、缓解城市化的资源环境压力、促进区域可持续发展的目标。

第二节　研　究　展　望

本书构建了城市的资源环境基础的概念,以陕西省为例展开实证研究、机理分析、现状评估和对策建议等一系列工作,探讨了城市化进程中,城市发展与资源环境要素综合占用之间的关系。城市的资源环境基础一方面涵盖了自然界的淡水、耕地、森林、草场、能源和矿产等多种资源要素,另一方面不仅关注了城市的直接水、土资源要素占用,也考虑到了发生在城市本身以外的、较为隐秘的间接和诱发水、土资源要素占用,因此城市的资源环境基础研究具有一定的要素综合性和复杂性。受作者知识水平、研究时间和数据资料获取等方面的限制,本书的研究主要还存在着以下几个方面的不足,有待于在今后的研究中进一步改善和加强。

第一,金属和非金属类矿产资源是现代城市化和工业化快速发展不可或缺的重要资源要素,也是本书构建的城市"资源环境基础"的重要组成部分,但是由于矿产资源的种类繁多,受限于数据资料获取和研究精力,本书研究中尚未涉及城市对金属和非金属等矿产资源的消费情况,需要在今后的工作中展开专门研究。

第二,城市资源环境基础的理论和核算方法有待于进一步完善。由于资源环境基础的研究涉及土地、淡水和能源等多个资源领域,要素较多,复杂性强,在理论构建和核算方法上还有一些专业性较强的问题需要进一步准确化,相应的计算模型和参数还有待于进一步修订。

第三,本书主要对研究对象在城市化进程中占用的资源环境基础的演变过程、特征、机理,以及当前的资源环境供需现状进行了分析和评价。但是,对研究对象在未来的发展过程中的城市化趋势、水平,以及相应的资源环境基础占用情况尚未展开具体的预测和情景分析。在今后的工作中,将针对该问题展开进一步的深入研究。

参 考 文 献

安瓦尔·买买提明，张小雷，杨德刚，等，2011. 新疆喀什地区城市化与水资源利用结构变化的关联分析[J]. 中国沙漠，31（1）：261-266.

白永平，2004. 区域工业化与城市化的水资源保障研究[M]. 北京：科学出版社.

鲍超，方创琳，2006. 河西走廊城市化与水资源利用关系的量化研究[J]. 自然资源学报，21（2）：301-310.

鲍健强，苗阳，陈锋，2008. 低碳经济：人类经济发展方式的新变革[J]. 中国工业经济，（4）：153-160.

蔡国田，2007. 中国工业化进程能源保障时空协调过程研究[D]. 北京：中国科学院地理科学与资源研究所.

蔡建明，1997. 中国城市化发展动力及发展战略研究[J]. 地理科学进展，16（2）：9-14.

曹萍，祁亚玲，杨玲，2014. 人口城市化水平与耕地数量动态变化的协调分析——以宁夏沿黄城市带为例[J]. 国土与自然资源研究，（4）：94-96.

曹雪琴，2002. 二十一世纪如何解决耕地短缺[J]. 经济问题探索，（2）：39-42.

陈波翀，郝寿义，杨兴宪，2004. 中国城市化快速发展的动力机制[J]. 地理学报，（6）：1068-1075.

陈海军，邓良基，李何超，等，2010. 城市化进程与耕地变化协同性研究——以成都市为例[J]. 中国农学通报，26（1）：312-316.

陈家琦，王浩，杨晓柳，2002. 水资源学[M]. 北京：科学出版社.

陈钧浩，2009. 国际贸易、FDI 与资源环境关系的现实、理论与启示[J]. 生态经济，（5）：60-64.

陈永林，谢炳庚，李晓青，等，2015. 2003～2013 年长沙市土地利用变化与城市化的关系[J]. 经济地理，35（1）：149-154.

陈佐忠，汪诗平，2000. 中国典型草原生态系统[M]. 北京：科学出版社.

成升魁，谷树忠，王礼茂，2003. 中国资源报告 2002[M]. 北京：商务印书馆.

崔功豪，马润潮，1999. 中国自下而上城市化的发展及其机制[J]. 地理学报，（2）：106-115.

崔援民，刘金霞，1999. 中外城市化模式比较与我国城市化道路选择[J]. 河北学刊，（4）：25-29.

邓文瑜，2001. 汉中旅游指南[M]. 西安：陕西旅游出版社.

杜晓艳，郭怀星，2006. 发展中心城市是陕西省城市化的最优途径[J]. 山东行政学院山东省经济管理干部学院学报，（6）：49-51.

段汉明，张刚，2002. 西安城市地域空间结构发展框架和发展机制[J]. 地理研究，21（5）：627-635.

段汉明，周晓辉，苏敏，2004. 中国西北干旱地区城市化过程及空间分异规律[J]. 地球科学进展，19（S1）：407-411.

樊宝敏，李智勇，2008. 中国森林生态史引论[M]. 北京：科学出版社.

樊杰，1997. 能源资源开发与区域经济发展协调研究——以我国西北地区为例[J]. 自然资源学报，12（4）：349-356.

樊杰，孙威，任东明，2003. 基于可再生能源配额制的东部沿海地区能源结构优化问题探讨[J]. 自然资源学报，18（4）：402-411.

方创琳，2009. 中国城市化进程及资源环境保障报告[M]. 北京：科学出版社.

方创琳，黄金川，步伟娜，2004. 西北干旱区水资源约束下城市化过程及生态效应研究的理论探讨[J]. 干旱区地理，27（1）：1-7.

方创琳，刘海燕，2007. 快速城市化进程中的区域剥夺行为及调控路径[J]. 地理学报，62（8）：849-860.

房维中，1994. 中国宏观经济管理[J]. 管理世界，（3）：12-13.

费良军，黄宝友，孙胜祥，2008. 陕西省土地整理工程生态承载力模型[J]. 农业工程学报，24（8）：80-84.

费孝通，1996. 论中国小城镇的发展[J]. 中国农村经济，（3）：3-28.

傅伯杰，刘国华，陈利顶，等，2001. 中国生态区划方案[J]. 生态学报，21（1）：1-6.

甘联君，2008. 三峡库区人口迁移与城市化发展互动机制研究[D]. 重庆：重庆大学.

高佩义，2004. 中外城市化比较研究[M]. 天津：南开大学出版社.

辜胜阻，李永周，2000. 我国农村城镇化的战略方向[J]. 中国农村经济，（6）：14-18.

谷树忠，耿海青，姚予龙，2002. 国家能源、矿产资源安全的功能区划与西部地区的定位[J]. 地理科学进展，

21（5）：411-412.

顾朝林，2003. 产业结构重构与转移——长江三角洲地区及主要城市比较研究[M]. 南京：江苏人民出版社.

顾朝林，柴彦威，蔡建明，1999. 中国城市地理[M]. 北京：商务印书馆.

关士苏，杨文选，2007. 影响陕西省城市化进程的若干因素分析[J]. 新疆财经，（6）：20-23.

郭文华，郝晋珉，覃丽，2005. 中国城镇化过程中的建设用地评价指数探讨[J]. 资源科学，27（3）：66-72.

国家发展改革委员会宏观经济研究院课题组，2004.2020 年我国水资源保障程度分析预测与对策建议[J]. 宏观经济
  研究，（6）：3-6.

国家统计局，2000. 中国工业五十年——新中国工业通鉴[M]. 北京：中国经济出版社.

国家统计局，2005. 新中国六十年统计资料汇编（1949~2008）[M]. 北京：中国统计出版社.

国家统计局工业交通统计司，2000. 中国工业交通能源 50 年统计资源汇编（1949~1999）[M]. 北京：中国统计出
  版社.

国家统计局工业交通统计司，国家发展和改革委员会能源局，2006. 中国能源统计年鉴[M]. 北京：中国统计出
  版社.

国土资源部，2006. 中国国土资源统计年鉴[M]. 北京：地质出版社.

国土资源部地籍管理司，2008. 全国土地利用变更调查报告[M]. 北京：中国大地出版社.

汉中市统计局，2018. 汉中统计年鉴（1996~2017）[OL]. [2018-08-05].www.yearbookchina.com.

洪惠坤，廖和平，李涛，等，2016. 基于熵值法和 dagum 基尼系数分解的乡村空间功能时空演变分析[J]. 农业工
  程学报，32（10），240-248.

侯仁之，1962. 历史上的北京城[M]. 北京：中国青年出版社.

胡焕庸，1935. 中国人口之分布[J]. 地理学报，2（2）：33-37.

胡焕庸，张善余，1984. 中国人口地理[M]. 上海：华东师范大学出版社.

胡少维，1999. 小城镇 大战略——加快我国小城镇发展建设的思考[J]. 城市开发，（7）：38-40.

胡涛，吴玉萍，沈晓悦，2008. 我国对外贸易的资源环境逆差分析[J]. 中国人口·资源与环境，18（2）：204-208.

胡序威，1998. 中国沿海城镇密集地区空间集聚与扩散研究[J]. 城市规划，（6）：22-28.

黄秉维，1996. 论地球系统科学与可持续发展战略科学基础（Ⅰ）[J]. 地理学报，51（4）：350-354.

黄东，2008. 森林碳汇：后京都时代减排的重要途径[J]. 林业经济，（10）：12-16.

黄金川，方创琳，2003. 城市化与生态环境交互耦合机制与规律性分析[J]. 地理研究，22（2）：211-220.

黄盛璋，1958. 西安城市发展中的给水问题以及今后水源的利用与开发[J]. 地理学报，（4）：406-426.

黄盛璋，1982. 历史地理论文集[M]. 北京：人民出版社.

黄毅，2006. 城镇化进程与经济增长相关性分析[J]. 西南民族大学学报（人文社科版），27（4）：147-151.

霍世昌，2007. 关于榆林煤炭工业持续健康发展的建议[J]. 榆林科技，（4）：37-40.

贾绍凤，何希吾，夏军，2004. 中国水资源安全问题及对策[J]. 中国科学院刊，19（5）：347-351.

贾绍凤，张军岩，2003. 日本城市化中的耕地变动与经验[J]. 中国人口·资源与环境，13（1）：31-34.

姜爱林，2002. 中国城镇化理论研究回顾与述评[J]. 规划师，18（8）：65-70.

姜爱林，2004. 城镇化、工业化与信息化协调发展研究[M]. 北京：中国大地出版社.

姜巍，张雷，2005.21 世纪初西北地区发展的资源环境基础[J]. 资源科学，27（3）：107-114.

金凤君，2000. 华北平原城市用水问题研究[J]. 地理科学进展，19（1）：17-24.

金凤君，2000. 京津冀适水型工业结构调整研究[J]. 自然资源学报，15（3）：265-269.

金凤君，钱金凯，2003. 中国西部社会经济发展图册[M]. 北京：五洲传播出版社.

金其铭，1993. 人地关系论[M]. 南京：江苏教育出版社.

靳云，孙红梅，2006. 西部大开发条件下陕西省绩效研究[J]. 西北农林科技大学学报（社会科学版），6（3）：45-51.

郎一环，王礼茂，2002. 短缺资源类型与供需趋势分析[J]. 自然资源学报，17（4）：409-414.

李并成，1995. 河西走廊历史地理[M]. 兰州：甘肃人民出版社.

李崇明，丁烈云，2004. 小城镇资源环境与社会经济协调发展评价模型及应用研究[J]. 系统工程理论与实践，
  24（11）：134-139.

李春丽，杨德刚，张豫芳，等，2010. 塔里木河流域城市化与水资源利用关系分析[J]. 中国沙漠，30（3）：730-736.

李广东，方创琳，2016. 城市生态-生产-生活空间功能定量识别与分析[J]. 地理学报，71（1）：49-65.

李郇，2004. 我国城市效率的时空变化：1990～2000——基于 DEA 的分析[C]//中国地理学会. 中国地理学会学术年会暨海峡两岸地理学术研讨会论文摘要集. 北京：中国地理学会委员会.

李郇，徐现祥，陈浩辉，2005. 20 世纪 90 年代中国城市效率的时空变化[J]. 地理学报，60（4）：615-625.

李景刚，何春阳，史培军，2004. 近 20 年中国北方 13 省的耕地变化与驱动力[J]. 地理学报，59（2）：274-282.

李君轶，吴晋峰，薛亮，2007. 基于 GIS 的陕西省土地生态环境敏感性评价研究[J]. 干旱地区农业研究，25（4）：20-26.

李俊，1994. 中国区域能源供求及其因素分析[J]. 资源科学，（2）：34-40.

李团胜，2004. 陕西省土地利用动态变化分析[J]. 地理研究，23（2）：157-164.

李秀彬，1996. 全球环境变化研究的核心领域——土地利用/土地覆被变化的国际研究动向[J]. 地理学报，（6）：553-558.

李燕，黄春长，殷淑燕，2007. 古代黄河中游的环境变化和灾害对都城迁移发展的影响[J]. 自然灾害学报，16（6）：107-114.

李志刚，张锦宗，薛丽芳，2002. 陕甘宁接壤区能源重化工基地建设构想[J]. 地理研究，21（3）：287-293.

梁进社，洪丽璇，蔡建明，2009. 中国城市化进程中的能源消费增长——基于分解的 1985-2006 年间时序比较[J]. 自然资源学报，24（1）：20-30.

梁进社，周杰，2008. 城市扩展的两个均衡条件及其政策含义[J]. 城市发展研究，15（4）：43-48.

梁秦生，2006. 榆林能源化工基地发展趋势与特征[J]. 陕西综合经济，（1）：21-22.

林坚，张禹平，李婧怡，等. 2013 年土地科学研究重点进展评述及 2014 年展望——土地利用与规划分报告[J]. 中国土地科学，2014，28（2）：3-12.

刘昌明，陈志恺，2001. 中国水资源现状评价和供需发展趋势分析[M]. 北京：中国水利电力出版社.

刘昌明，何希吾，1996. 中国 21 世纪水问题方略[M]. 北京：科学出版社.

刘昌明. 二十一世纪中国水资源若干问题的讨论[J]. 水利水电技术，2002，33（1）：15-19.

刘长青，2014. 基于不同丘陵类型的三生用地景观格局变化研究[D]. 成都：四川农业大学.

刘国华，傅伯杰，方精云，2000. 中国森林碳动态及其对全球碳平衡的贡献[J]. 生态学报，20（5）：733-740.

刘慧，2006. 区域差异测度方法与评价[J]. 地理研究，25（4）：710-720.

刘慧，高晓路，刘盛和，2008. 世界主要国家国土空间开发模式及启示[J]. 世界地理研究，17（2）：112-122.

刘人境，李晋玲，2007. 陕西省城市化水平地区差异影响因素灰色关联分析[J]. 西北工业大学学报（社会科学版），27（2）：107-111.

刘盛和，2004. 中国城市化水平省际差异的成因探析[J]. 长江流域资源与环境，13（6）：530-535.

刘盛和，陈田，蔡建明，2003. 中国非农化与城市化关系的省际差异[J]. 地理学报，58（6）：937-946.

刘卫东，2010. 西部开发路向何方[J]. 中国道报，（1）：76-78.

刘卫东，樊杰，周成虎，2003. 中国西部开发重点区域规划前期研究[M]. 北京：商务印书馆.

刘卫东，陆大道，1993. 水资源短缺对区域经济发展的影响[J]. 地理科学，13（1）：9-16.

刘彦随，2003. 富区缘何难富民——谈西部农业困惑[N/OL]. 人民网，2003-01-24. http：www. people. com. cn.

刘彦随，张文忠，2001. 论西部地区矿业型城市可持续发展的战略选择：以铜川市为例[J]. 西北大学学报（自然科学版），31（1）：83-88.

刘燕华，葛全胜，何凡能，2008. 应对国际 CO_2 减排压力的途径及我国减排潜力分析[J]. 地理学报，63（7）：675-682.

刘耀彬，李仁东，宋学锋，2005. 中国区域城镇化与生态环境耦合的关联分析[J]. 地理学报，60（2）：237-247.

刘勇，2011. 中国城镇化发展的历程、问题和趋势[J]. 经济与管理研究，（3）：20-26.

龙花楼，2013. 论土地整治与乡村空间重构[J]. 地理学报，68（8），1019-1028.

鲁春霞，谢高地，成升魁，2009. 中国草地资源利用：生产功能与生态功能的冲突与协调[J]. 自然资源学报，24（10）：1685-1697.

鲁春霞，谢高地，马蓓蓓，2009. 中国区域发展过程中的空间多功能利用演变[J]. 资源科学，31（4）：531-538.

陆大道，1995. 区域发展及其空间结构[M]. 北京：科学出版社.

陆大道，姚士谋，2007. 中国城镇化进程的科学思辨[J]. 人文地理，（4）：15-26.

陆大道，姚士谋，刘慧，2007. 2006 中国区域发展报告[M]. 北京：商务印书馆.

路遇，腾泽之，2016. 中国分省区历史人口考[M]. 北京：中国社会科学出版社.

吕素冰，马钰其，冶金祥，等，2016. 中原城市群城市化与水资源利用量化关系研究[J]. 灌溉排水学报，35（11）：7-12.

马蓓蓓，鲁春霞，张雷，2010. 新形势下西北地区碳排放及低碳化发展研究——以陕西省为例[J]. 资源科学，32（2）：223-229.

马蓓蓓，薛东前，2006. "一线两带"地区建设用地时空动态特征研究[J]. 山东师范大学学报（自然科学版），21（4）：110-113.

马静，张红旗，李慧娴，2008. 粮食国际贸易对我国水土资源利用的影响分析[J]. 资源科学，30（11）：1723-1729.

马寅初，1997. 新人口论[M]. 长春：吉林人民出版社.

麦迪森 A，2008. 中国经济的长期表现（公元 960～2030 年）[M]. 上海：上海人民出版社.

毛爱华，孙峰华，林文杰，2008. 发达国家与发展中国家城市化若干问题的对比研究[J]. 人文地理，23（4）：41-45.

毛汉英，1997. 西北地区可持续发展的问题及对策[J]. 地理研究，16（3）：12-22.

孟宪磊，李俊祥，李铖，等，2010. 沿海中小城市快速城市化过程中土地利用变化——以慈溪市为例[J]. 生态学杂志，29（9）：1799-1805.

宁越敏，1998. 新城市化进程——90 年代中国城市化动力机制和特点探讨[J]. 地理学报，（5）：470-477.

牛品一，陆玉麒，彭倩，2013. 基于分位数回归的江苏省城市化动力因子分析[J]. 地理科学进展，32（3）：372-380.

牛文元，2006. 从城乡二元分割到城乡统筹协调发展[J]. 四川经济研究，（7）：4-5.

潘建波，2003. 城市发展和城市供用水关系研究[J]. 华北水利水电大学学报（自然科学版），24（4）：28-30.

钱正英，张光斗，2001. 中国可持续发展水资源战略研究综合报告及各专题报告[M]. 北京：中国水利水电出版社.

强真，杜舰，吴尚昆，2007. 我国城市建设用地利用效益评价[J]. 中国人口·资源与环境，17（1）：92-96.

秦可德，2014. 空间溢出、吸收能力与我国区域新兴产业发展[D]. 上海：华东师范大学.

仇保兴，2003. 我国城镇化高速发展期面临的若干挑战[J]. 城市发展研究，10（6）：1-15.

仇保兴，2004. 国外城市化的主要教训[J]. 城市规划，28（4）：8-12.

仇立慧，黄春长，2008. 古代黄河中游饥荒与环境变化对都城迁移发展的影响[J]. 干旱区研究，25（1）：107-113.

任志远，黄青，李晶，2005. 陕西省生态安全及空间差异定量分析[J]. 地理学报，60（4）：130-140.

山薇，杨晓东，刘雅玲，1997. 我国草地畜牧业的地位、问题及发展对策[J]. 中国草地，（1）：64-66.

陕西省统计局，国家统计局陕西调查总队，2018. 陕西统计年鉴(1986～2017)[OL]. [2018-08-05].www.yearbookchina.com.

陕西师范大学地理系，1987. 西安市地理志[M]. 西安：陕西人民出版社.

史念海，1981. 河山集·二集[M]. 上海：生活·读书·新知三联书店.

史念海，1991. 河山集（第五集）[M]. 太原：山西人民出版社.

史培军，陈晋，潘耀忠，2000. 深圳市土地利用变化机制分析[J]. 地理学报，55（2）：151-160.

史瑞建，杨志刚，2007. 汉中市"十一五"绿色产业发展思考[J]. 陕西综合经济，（1）：21-24.

宋超山，马俊杰，杨风，等，2010. 城市化与资源环境系统耦合研究——以西安市为例[J]. 干旱区资源与环境，24（05）：85-90.

宋进喜，李怀恩，2004. 渭河生态环境需水量研究[M]. 北京：中国水利水电出版社，45-50.

孙祥，1997. 中国草地畜牧业的生产现状及潜力[J]. 内蒙古草业，（4）：30-35.

谈明洪，吕昌河，2005. 城市用地扩展与耕地保护[J]. 自然资源学报，20（1）：52-58.

谭其骧，1982. 中国历史地图集（第五册，隋·唐·五代·十国）[M]. 北京：中国地图出版社.

汤建影，周德群，2003. 基于 DEA 模型的矿业城市经济发展效率评价[J]. 煤炭学报，28（4）：342-347.

唐海彬，1988. 陕西省经济地理[M]. 北京：新华出版社.

田光进，2002. 基于遥感与 GIS 的 90 年代中国城乡居民点用地时空特征研究[J]. 中国科学院遥感应用研究所.

田霖，2002. 城市化与城市现代化互动共促关系研究[J]. 平原大学学报，19（1）：29-30.

田青，马健，高铁梅，2008. 我国城镇居民消费影响因素的区域差异分析[J]. 管理世界，（7）：27-34.

汪晓银，谭劲英，谭砚文，2006. 城乡居民年人均蔬菜消费量长期趋势分析[J]. 湖北农业科学，45（2）：135-139.

王传胜，2003. 西北地区生态经济区划研究[D]. 北京：中国科学院地理科学与资源研究所.

王传胜，范振军，董锁成，2005. 生态经济区划研究——以西北 6 省为例[J]. 生态学报，25（7）：1804-1810.

王建红，2009. 全球经济危机背景下东部产业转移与西部特色经济发展的对接[J]. 内蒙古社会科学（汉文版），
　　30（4）：93-99.

王军，李捍无，2002. 面对古都与自然的失衡——论生态环境与长安、洛阳的衰落[J]. 城市规划学刊，（3）：86-92.

王军生，张晓棠，宋元梁，2005. 城市化与产业结构协调发展水平研究—以陕西省为例的实证分析[J]. 经济管理，
　　（22）：81-88.

王可侠，2012. 产业结构调整、工业水平升级与城市化进程[J]. 经济学家，（9）：43-47.

王群，2003. 中国省区土地利用差异实证研究[J]. 南京：南京农业大学.

王如松，刘建国，1988. 生态库原理及其在城市生态学研究中的作用[J]. 城市环境与城市生态，（2）：20-25.

王婷，2009. 榆林：从"农业之乡"到"能源新都"[N/OL]. 陕西经济信息网，2009-03-21. http：//www. sei. gov. cn.

王雪梅，张志强，熊永兰，2007. 国际生态足迹研究态势的文献计量分析[J]. 地球科学进展，22（8）：872-879.

王延中，2001. 我国能源消费政策的变迁及展望[J]. 中国工业经济，（4）：33-39.

王喆，陈伟，2014. 工业化、人口城市化与空间城市化——基于韩、美、日等 OECD 国家的经验分析[J]. 经济体
　　制改革，（5）：177-181.

卫海燕，张君，2006. 城市化水平与耕地面积变化的关系研究——以陕西省为例[J]. 西北大学学报（自然科学版），
　　36（4）：667-670.

温晓霞，魏俊，杨改河，2006. 陕西省生态足迹动态评价研究[J]. 西北农林科技大学学报（自然科学版），34（10）：
　　110-116.

乌敦，李百岁，2009. 内蒙古城市化水平地域差异分析[J]. 经济地理，29（2）：249-254.

吴传钧，1998. 人地关系与经济布局[M]. 北京：学苑出版社.

吴莉娅，2006. 生产要素市场化与江苏城市化动力机制演变[J]. 地理科学，26（5）：5529-5535.

吴隆杰，杨林，苏昕，2006. 近年来生态足迹研究进展[J]. 中国农业大学学报，11（3）：1-8.

吴佩林，2005. 中国城市化进程与城镇水资源保障[M]. 北京：中国财政经济出版社.

吴璞周，杨芳，卫海燕，2008. 西安市城镇化水平与城市资源压力的定量关系研究[J]. 干旱区资源与环境，22（5）：
　　42-46.

席娟，张毅，杨小强，2013. 陕西省城市土地利用效益与城市化耦合协调发展研究[J]. 华中师范大学学报（自然科
　　学版），47（1）：117-123.

夏军，张永勇，王中根，2006. 城市化地区水资源承载力研究[J]. 水利学报，37（2）：1482-1488.

夏友富，外商投资中国污染密集产业现状、后果及其对策研究[J]. 管理世界，1999，（3）：109-123.

夏振坤，李享章，1988. 城市化与农业劳动力转移的阶段性和层次性[J]. 农业经济问题，（1）：19-23.

谢高地，张钇锂，鲁春霞，2001. 中国自然草地生态系统服务价值[J]. 自然资源学报，16（1）：47-53.

谢高地，甄霖，鲁春霞，2008. 中国发展的可持续性状态与趋势——一个基于自然资源基础的评价[J]. 资源科学，
　　30（9）：1349-1356.

熊文，吴玉鸣，2006. 中国经济增长与环境脆弱性的因果及冲击响应分析[J]. 资源科学，28（5）：17-24.

徐琳瑜，杨志峰，李巍，2005. 城市生态系统承载力理论与评价方法[J]. 生态学报，25（4）：771-777.

徐中民，程国栋，张志强，2006. 生态足迹方法的理论解析[J]. 中国人口・资源与环境，16（6）：69-78.

徐中民，张志强，程国栋，2003. 生态经济学理论方法与应用[M]. 郑州：黄河水利出版社.

许学强，宁越敏，周一星，2009. 城市地理学[M]. 2 版. 北京：高等教育出版社.

许学强，周素红，2003. 20 世纪 80 年代以来我国城市地理学研究的回顾与展望[J]. 经济地理，23（4）：433-440.

薛东前，2002. 城市土地扩展规律和约束机制——以西安市为例[J]. 自然资源学报，17（6）：56-63.

薛东前，2003. 城市化与环境互动作用机理研究——以西安市为例[D]. 北京：中国科学院地理科学与资源研究所.

薛东前，代兰海，2006. 西安城市化演进过程的多层面分析与趋势预测[J]. 人文地理，21（5）：99-102.

薛凤旋，杨春，1995. 外资影响下的城市化——以珠江三角洲为例[J]. 城市规划，（6）：21-27.

薛俊菲，陈雯，曹有挥，2012. 2000 年以来中国城市化的发展格局及其与经济发展的相关性——基于城市单元的
　　分析[J]. 长江流域资源与环境，21（1）：1-7.

严国芬, 1988. 对我国城市化动力机制的分析[J]. 城市规划, (1): 39-41.

杨波, 2005. 产业结构变迁与城市化进程研究[D]. 上海: 华东师范大学.

杨光, 2009. 西安发展六十载: 从传统一步步走向现代[N]. 陕西经济信息网, 2009-10-11. http://www. sei. gov. cn.

杨桂山, 2004. 土地利用/覆被变化与区域经济发展——长江三角洲近50年耕地数量变化研究的启示[J]. 地理学报, 59 (z1): 41-46.

杨立勋, 1999. 城市化与城市发展战略[M]. 广州: 广东高等教育出版社.

杨小波, 吴庆书, 2000. 城市生态学[M]. 北京: 科学出版社.

杨雪梅, 杨太保, 石培基, 等, 2014. 西北干旱地区水资源-城市化复合系统耦合效应研究——以石羊河流域为例[J]. 干旱区地理, 37 (1): 19-30.

姚士谋, 2006. 中国的城市群[M]. 3版. 合肥: 中国科学技术大学出版社.

叶裕民, 1999. 中国城市化滞后的经济根源及对策思路[J]. 中国人民大学学报, V (5): 1-6.

叶裕民, 2001. 中国城市化之路: 经济支持与制度创新[M]. 北京: 商务印书馆.

叶裕民. 有关中国城市化两个问题的探讨[J]. 城市开发, 1999, (7): 35-37.

佚名, 2016. 2015年世界主要国家或地区石油贸易流向[J]. 当代石油石化, 24 (9): 52.

易秋圆, 2013. 县域城市土地利用功能分类与评价[D]. 长沙: 湖南农业大学.

于格, 鲁春霞, 谢高地, 2005. 草地生态系统服务功能的研究进展[J]. 资源科学, 27 (6): 107-115.

于贵瑞, 谢高地, 2002. 我国区域尺度生态系统管理中的几个重要生态学命题[J]. 应用生态学报, 13 (7): 885-891.

于晓明, 1999. 对中国城市化道路几个问题的思索[J]. 城市问题, (5): 12-16.

俞海, 2008. 资源环境逆差: 中国造纸贸易之痛[J]. 环境经济, (3): 43-47.

榆林市发展和改革委员会, 2009. 榆林能源化工基地产业集群发展调研报告[J]. 陕西综合经济, (4): 34-40.

榆林市统计局, 2018. 榆林统计年鉴 (1996~2017) [OL]. [2018-08-05].www.yearbookchina.com.

袁晓玲, 王霄, 何维炜, 2008. 对城市化质量的综合评价分析——以陕西省为例[J]. 城市发展研究, 15 (2): 38-43.

詹晓宁, 夏友富, 2000. 国际直接投资最新发展状况及前景[J]. 中国外资, (12): 9-12.

詹新惠, 马耀峰, 高楠, 等, 2014. 区域旅游业与城市化耦合协调度的时空分异研究——以陕西省为例[J]. 陕西师范大学学报 (自然科学版), 42 (2): 82-87.

张春娟, 张迪, 刘强, 2009. 陕西省城镇居民用水状况调查研究[J]. 人民长江, 40 (13): 48-51.

张复明, 2011. 资源型区域面临的发展难题及其破解思路[J]. 中国软科学, (6): 1-9.

张国平, 刘纪远, 张增祥, 2003. 近10年来中国耕地资源的时空变化分析[J]. 地理学报, 58 (3): 323-332.

张红旗, 许尔琪, 朱会义, 2015. 中国"三生用地"分类及其空间格局[J]. 资源科学, 37 (7): 1332-1338.

张骅, 1996. 水与城市的形成和兴衰[J]. 黑龙江水利, (4): 28-29.

张雷, 2004. 矿产资源开发与国家工业化[M]. 北京: 商务印书馆.

张雷, 2008. 资源环境基础论: 中国人地关系研究的出发点[J]. 自然资源学报, 23 (2): 125-133.

张雷, 2009. 中国城市化进程的资源环境基础[M]. 北京: 科学出版社.

张雷, 黄园淅, 2008. 中国产业结构节能潜力分析[J]. 中国软科学, 63 (12): 27-35.

张雷, 刘毅, 2006. 中国区域发展的资源环境基础[M]. 北京: 科学出版社.

张雷, 张淑敏, 2008. 现代城镇化发育的土地资源基础[J]. 资源科学, 30 (4): 578-584.

张林泉, 2000. 城市化与可持续发展[J]. 中国人口·资源与环境, (3): 49-53.

张淑敏, 2009. 中国城镇化进程的土地资源基础研究[D]. 北京: 中国科学院地理科学与资源研究所.

张旺, 周跃云, 胡光伟, 2013. 超大城市"新三化"的时空耦合协调性分析——以中国十大城市为例[J]. 地理科学, 33 (5): 562-569.

张文忠, 2000. 经济区位论[M]. 北京: 科学出版社.

张文忠, 2009. 产业发展和规划的理论与实践[M]. 北京: 科学出版社.

张文忠, 王传胜, 薛东前, 2003. 珠江三角洲城镇用地扩展的城市化背景研究[J]. 自然资源学报, 18 (5): 575-582.

张晓东, 池天河, 2001. 90年代中国省级区域经济与环境协调度分析[J]. 地理研究, 20 (4): 506-515.

张晓辉, 2007. 陕西省城市化模式及对策研究[D]. 西安: 西安建筑科技大学.

张晓棠, 宋元梁, 荆心, 2010. 基于模糊评价法的城市化与产业结构耦合研究——以陕西省为例[J]. 经济问题, (1):

50-53.

张志强，徐中民，程国栋，2000. 生态足迹的概念及计算模型[J]. 生态经济，（10）：8-10.

郑秀娟，2009. 陕西省旅游中心城市体系建设现状与发展对策研究[J]. 安徽农业科学，37（3）：1342-1344.

中国能源研究会，国家电力公司战略研究与规划部，2002. 中国能源五十年[M]. 北京：中国电力出版社.

中华人民共和国农业部畜牧兽医司，1994. 中国草地资源数据[M]. 北京：中国农业科学技术出版社.

钟凤，李秀霞，2012. 吉林省四平市城市化发展动力机制研究[J]. 水土保持研究，（3）：263-268.

周姣，史安娜，2008. 区域虚拟水贸易计算方法及实证[J]. 中国人口·资源与环境，18（4）：184-189.

周一星，1995. 城市地理学[M]. 北京：商务印书馆.

周一星，2000. 新世纪中国国际城市的展望[J]. 管理世界，（3）：18-25.

朱磊，2006. 城市化：其概念与发展，兼谈中德城市化与城镇建设的比较[J]. 小城镇建设，（4）：67-68.

朱鹏，2009. 中国城镇化进程的淡水资源基础研究[D]. 北京：中国科学院地理科学与资源研究所.

朱鹏，张雷，2008. 城市化与水资源相互关系研究评述[J]. 城市问题，（11）：26-30.

朱士光，呼林贵，1998. 历史时期关中地区气候变化的初步研究[J]. 第四纪研究，18（1）：1-11.

朱维乔，2009. 我国城镇居民消费结构变动特点及对策研究[J]. 现代经济信息，（23）：254-257.

祝小迁，程久苗，王娟，2007. 近十年我国城市土地集约利用评价研究进展[J]. 现代城市研究，（7）：69-75.

庄贵阳，2007. 低碳经济：中国之选[J]. 中国石油石化，（13）：32-34.

左其亭，2005. 城市水资源承载能力——理论·方法·应用[M]. 北京：化学工业出版社.

ACHARD F，EVA H D，STIBIG H J，et al，2002. Determination of deforestation rates of the world's humid tropical forests[J]. Science，297（5583）：999-1002.

ALKHARABSHEH A，TA'ANY R，2003. Influence of urbanization on water quality deterioration during drought periods at South Jordan[J]. Journal of Arid Environments，53（4）：619-630.

BAO C，FANG C，2009. Integrated assessment model of water resources constraint intensity on urbanization in arid area[J]. Journal of Geographical Sciences，19（3）：273-286.

BOLUND P，HUNHAMMAR S，1999. Ecosystem services in urban areas[J]. Ecological Economics（86）：93-301.

CHANDLER W U，1988. Emission control strategies：the case of China[J]. Climate Change，13（3）：241-265.

CHENERY H B，1988. Restructuring the World Economy[M]. New York：Pantheon Books.

COSTANZA R，D'ARGE R，GROOT R D，1998. The value of ecosystem services：putting the issues in perspective[J]. Ecological Economics，（25）：67-72.

COSTANZA R，GOTTLIEB S，2001. Modelling ecological and economic systems with STELLA：Part Ⅱ[J]. Ecological Modelling，143（1）：1-7.

FANG C L，LIN X Q，2009. The eco-environmental guarantee for China's urbanization process[J]. Journal of Geographical Science，（19）：95-106.

GERDH，2002. The promotion of relief poles：a strategy for the deconcentration of metropolitan region development in developing countries[J]. Applied Geography and Development，（18）：61-67.

GEYER H S，KONTULY T M，1993. African urbanization in Metropolitan South Africa—differential urbanization perspectives[J]. Geojournal，30（3）：301.

KANGASHARJU A，NIJKAMP P，2001. Innovation dynamics in space：local actors and local factors[J]. Socio-Economic Planning Sciences，35（1）：31-56.

KHANNA N，PLASSMANN F，2004. The demand for environmental quality and the environmental Kuznets Curve hypothesis[J]. Ecological Economics，51（3）：225-236.

LARSON E D，WU Z，DELAQUIL P，et al，2003. Future implications of China's energy-technology choices[J]. Energy Policy，31（12）：1189-1204.

LU X L，WU C Y，XIAO G R，2006. Fuzzy synthetic evaluation on resident's perceptions of tourism impacts[J]. Chinese Geographical Science，16（3）：87-94.

MA L J C，1979. The Chinese approach to city planning：policy，administration，and action[J]. Asian Survey，19（9）：838-855.

NORTHAM R M，1979. Urban geography[J]. Routledge，23（2）：430-444.

PUGH C D J，2000. Sustainable cities in Developing Countries：Theory and Practice at the Millennium[M]. London：Earthscan.

REES W E，1992. Ecological footprint and appropriated carrying capacity what urban economics leaves out[J]. Environment and Urbanization，4（2）：121-130.

SEVERSKIY I V，2004. Water-related problems of central Asia：some results of the（GIWA）international water assessment program[J]. Ambio，33（1-2）：45-51.

Shiklomanov I A，1997. Assessment of Water Resources and Water Availability in the World：Comprehensive Assessment of the Freshwater Re-sources of the World[M]. Geneva：WMO.

SINTON J E，FRIDLEY D G，2000. What goes up：recent trends in China's energy consumption[J]. Energy Policy，28（10）：671-687.

TAN M，XIE H，LU C，2005. Urban land expansion and arable land loss in China：a case study of Beijing-Tianjin-Hebei region[J]. Land Use Policy，22（3）：187-196.

TURNER B L，1994. Global flow：the role of land use and land cover in global environmental change[J]. Lang Degradation and Rehabilitation，（5）：71-78.

TURNER B L，MEYER W B，SKOLE D L，1994. Global land-use/land-cover change：towards an integrated study[J]. Ambio，23（1）：91-95.

VUUREN D V，ZHOU F，VRIES B D，et al. 2003. Energy and emission scenarios for China in the 21st century——exploration of baseline development and mitigation options[J]. Energy Policy，31（4）：369-387.

WACKERNAGEL M，REES W E，1997. Perceptual and structural barriers to investing in natural capital：economics from an ecological footprint perspective[J]. Ecological Economics，20（1）：324-333.

WACKERNAGEL M，REES W，1996. Our Ecological Footprint：Reducing Human Impact on the Earth[M]. Gabriela Island：New Society Publishers.

WACKERNAGEL M，SCHULZ N B，DEUMLING D，2002. Tracking the ecological overshoot of the human economy[J]. PNAS（Proceedings of the National Academy of Science of the United States of America），99（14）：9266-9267.

WILLIAMS E，FIRN J R，KIND V，et al，2003. The value of Scotland's ecosystem services and natural capital[J]. European Environment，13（2）：67-78.

XIE Y C，1996. A generalized model for cellular urban dynamics[J]. Geographical Analysis，28（4）：32-41.

XUE D，MA B B，ZHANG X，2006. The harmonious relationship between land use and environment in Xi'an[J]. Journal of Geographical Sciences，16（2）：183-191.

YANG X S，1996. Patterns of economic development and patterns of rural-urban migration in China[J]. European Journal of Population，（12）：195-218.

ZHANG B G，1995. A study on structural analysis of suburban ecological and economic system——taking Tianjin suburbs and counties for example[J]. Chinese Geographical Science，5（2）：125-136.

ZHU P，LU C X，ZHANG L，2009. Urban fresh water resources consumption of China[J]. Chinese Geographical Science，19（3）：219-224.

ZIMMER D，RENAULT D. Virtual water in food production and global trade：Review of methodological issues and preliminary results[J]//HOEKSTRA，A Y（ed.），Virtual Water Trade：Proceedings of the International Expert Meeting on Virtual Water Trade，Research Report Series，2003，（12）：213-245.